U0185328

藏在中国历史里的
数学思维

大运河

作者：束雅婷 赵妍

插画：杜飞

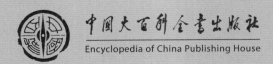

中国大百科全书出版社

Encyclopedia of China Publishing House

图书在版编目（CIP）数据

藏在中国历史里的数学思维．大运河 ／ 阿尔法派工
作室，束雅婷，赵妍著．-- 北京 ：中国大百科全书出版
社，2022.1
ISBN 978-7-5202-1070-6

Ⅰ．①藏… Ⅱ．①阿… ②束… ③赵… Ⅲ．①数学—
少儿读物②大运河—中国—少儿读物 Ⅳ．① 01-49
② K928.42-49

中国版本图书馆 CIP 数据核字（2021）第 268852 号

策划人：杨振
策划：万物
作者：束雅婷 赵妍
插画：杜飞
责任编辑：田祎
电脑绘制：月笙文化
装帧设计：月笙文化

藏在中国历史里的数学思维：大运河
中国大百科全书出版社出版发行
（北京阜成门北大街 17 号 邮编：100037）
http://www.ecph.com.cn
新华书店经销
北京华联印刷有限公司印制
开本：1194 毫米 ×889 毫米 1/16 印张：6.25
2022 年 1 月第 1 版 2022 年 2 月第 2 次印刷
ISBN 978-7-5202-1070-6
定价：98.00 元

前言

　　思维是人类特有的一种精神活动。思维训练是人脑智力开发的一种方法，可以提高孩子的逻辑推理能力和综合分析能力，增强孩子的判断力，让孩子更加客观地认知世界。

　　大运河作为世界上最古老的运河，影响了中国两千多年，它也被列入《世界遗产名录》。通过大运河，孩子不仅可以了解大运河本身的历史，还可以从中学到与运河相关的历史文化、地理特征和工程技术等知识。繁华的明朝是什么样的？大运河是怎样引水的？运河旁有怎样的作战工具？

　　本书将趣味性思维谜题与大运河结合起来，通过多种思维谜题形式，如迷宫、拼图、规律、数感、计算、空间、数独、图形观察、绘画、推理等，帮助孩子锻炼理解力、专注力、观察力、计算思维、符号思维、推理能力、分析能力和逻辑思维等多种能力。思维谜题按照难度从低到高分为 3 个级别，分别是三星、四星和五星。

目录

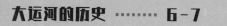

大运河的历史

中国大运河是世界上开凿最早、规模最大、最长的运河，它的历史可追溯到春秋时期。当时，吴王夫差想要争霸中原，但吴国离中原较远，而且他的军队在水战中更占优势。于是，他想了一个很巧妙的方法，命人将长江与淮河连通，开凿了一条人工运河。此后，中国大运河在历朝历代的修筑中范围不断扩大，最后形成了纵贯南北的运河系统。而运河的功能也从最初的运送军队和补给转化为促进南北经济文化间的交流。

中国大运河后来经历了两个主要阶段。首先，隋炀帝以洛阳为中心修建了人字形的运河，北边延伸到了北京，南边延伸到了杭州。后来，根据实际情况的需要，人们又连通了北京与杭州之间的水路，形成了今天被人们熟知的京杭大运河。

与大运河相关的一项重要活动就是漕运，也就是利用水路来调运各地的粮食。从运河修建之初，人们就十分重视运河的漕运功能，并逐渐形成了一套完整的体系。漕运过程中涉及的人与物都有专门的名称。例如，漕运用的船叫作漕船，漕运运送的粮食叫作漕粮，驾驶漕船的民夫叫作漕夫。各个朝代对管理漕运的官员也有不同的称谓，如明清两代设立了漕运总督等。

修建大运河的过程并不是一帆风顺。人们遇到了各种各样的问题，比如河流的地势太高导致河水时常断流，黄河凶猛的水势给运河造成了倒灌等等。虽然这些问题都曾经给百姓造成了困扰，但古代人民凭借他们的智慧最终一一化解。

随着铁路的开通和陆上交通工具的不断进步，大运河逐渐失去了它的作用。1901年，清政府宣布停止运河漕运。有着千年历史的漕运终于完成了它的使命。时至今日，部分河段仍然发挥着运输、灌溉、排涝、旅游观光、生态保护等功能。

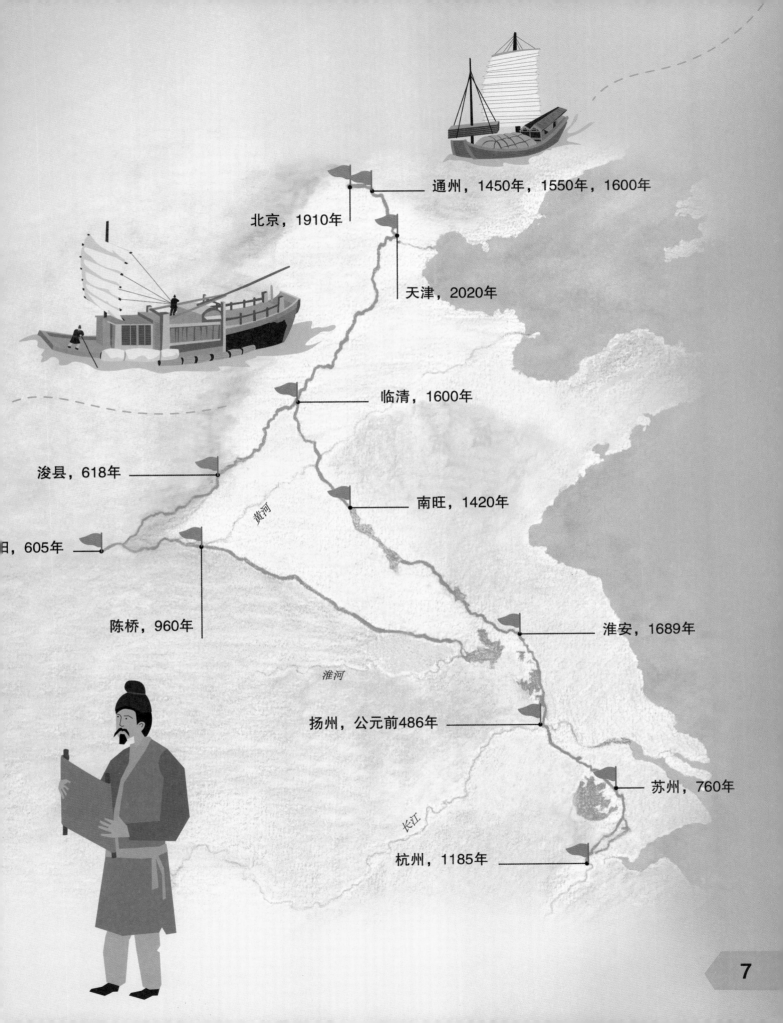

通州，1450年，1550年，1600年

北京，1910年

天津，2020年

临清，1600年

浚县，618年

南旺，1420年

[日]，605年

陈桥，960年

淮安，1689年

黄河

淮河

扬州，公元前486年

苏州，760年

长江

杭州，1185年

开凿运河

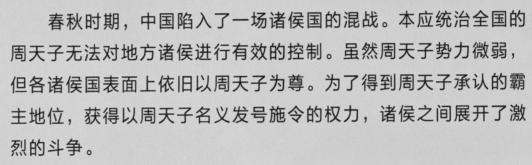

春秋时期，中国陷入了一场诸侯国的混战。本应统治全国的周天子无法对地方诸侯进行有效的控制。虽然周天子势力微弱，但各诸侯国表面上依旧以周天子为尊。为了得到周天子承认的霸主地位，获得以周天子名义发号施令的权力，诸侯之间展开了激烈的斗争。

当时实力较强的诸侯国有晋国、齐国和楚国等。夫差是吴国的国君，他对称霸中原也有着强烈的欲望。在夫差统治时期，吴国虽然不如这些国家强大，但当时的局势给了吴国一个十分有利的机会。晋国和齐国出现内乱，而楚国国君突然病逝。趁着此时，夫差决定发兵北上，进军中原。

古代的吴国位于现今江苏省扬州地区。它的地理位置靠海，因此吴国人擅长水战，开凿河道和造船的技术也十分先进。而中原多是以陆战为主。为了发挥自己的作战优势，能够快速将军队和粮草运往中原，夫差决定开凿一条人工运河，也就是邗沟。扬州位于长江下游，而不远处就是通向中原的淮河。因此，公元前486 年，他召集数万民夫，进行了开凿工程，将两条河流连通。

夫差的中原梦最终还是没能实现，吴国被越国吞并。但这条运河却保留了下来，惠及了世世代代的人们。

开凿运河
各种颜色的旌旗
★★★

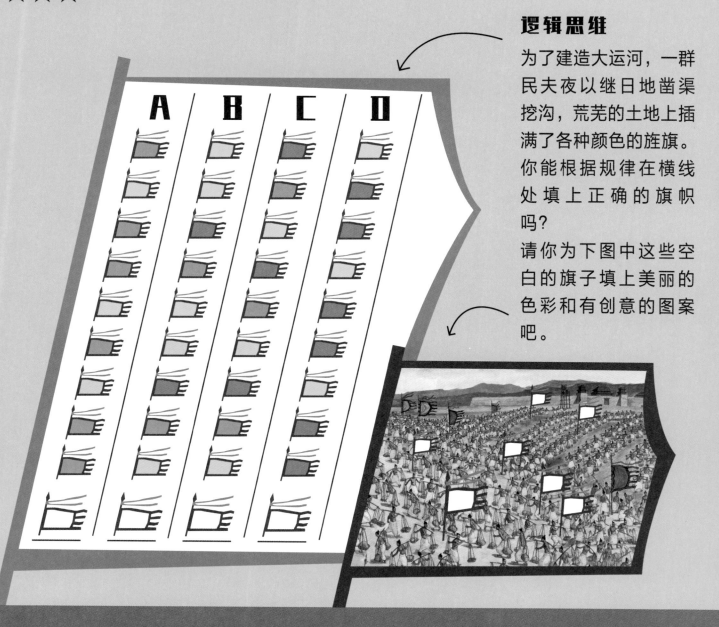

逻辑思维

为了建造大运河，一群民夫夜以继日地凿渠挖沟，荒芜的土地上插满了各种颜色的旌旗。你能根据规律在横线处填上正确的旗帜吗？

请你为下图中这些空白的旗子填上美丽的色彩和有创意的图案吧。

知识点

旌旗是一种悬挂在杆子上的有颜色和图案的布。古代人还会在旗子上展示有特定意义的图案。旌旗在古代军营中还发挥着号召和通信等重要功能。

吴王夫差的地图

★★★★

空间思维

大臣伯嚭 [pǐ] 在向吴王夫差描绘进取中原的路线。右图是一张地图，你可以用三条直线把这张地图分成四块独立的领地吗？每块领地必须包含一座城池、一座山地和一艘帆船。

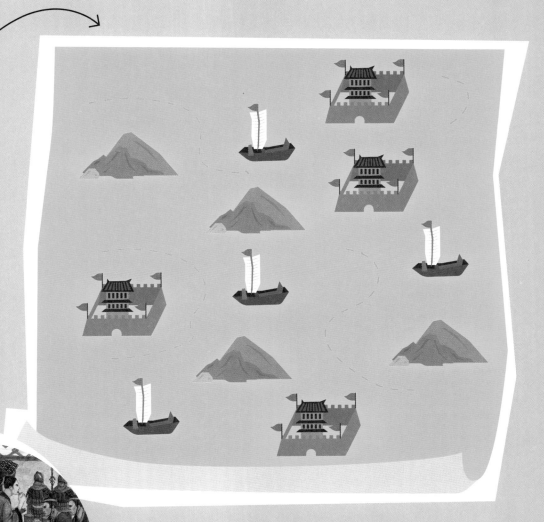

吴王夫差是春秋时期吴国的最后一位君王，他想要成为中原的霸主。为了方便运兵征粮，他征调了大批民夫，在长江和淮河之间开凿了一条运河，也就是邗沟。

知识点

开凿运河
劳作的民夫

★★★

观察力

吴王夫差下令开凿运河后，大批民夫来到扬州城外。挑担的民夫十分辛苦，他们负责把挖出来的土石运走。找出与剪影相同的民夫。

A　　**B**　　**C**　　**D**

知识点

邗沟是大运河最早的一段河道，起点就是在扬州，所以古运河扬州段是整个运河中最古老的一段。今天，中国大运河博物馆就坐落于此地。

瞭望台上的士兵

★★★★★

开凿运河的过程中，将军会建造瞭望台，负责监视开凿运河的民夫。

计算思维

将军命人建造了6座瞭望台，排成了三角形。现在有21名士兵，分配到6座瞭望台上，如何使得每座瞭望台上的士兵数量各不相同，而且三角形每一条边上士兵数量之和相等？

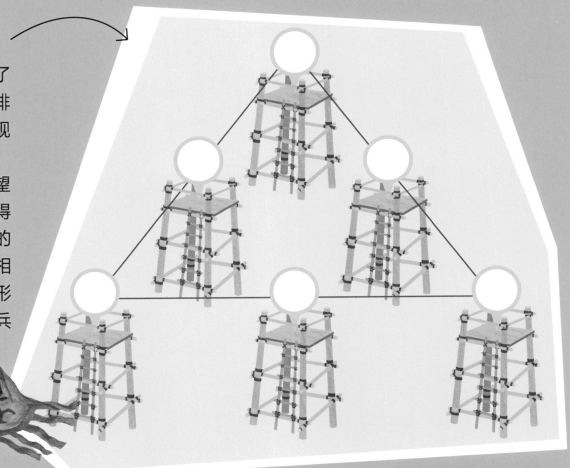

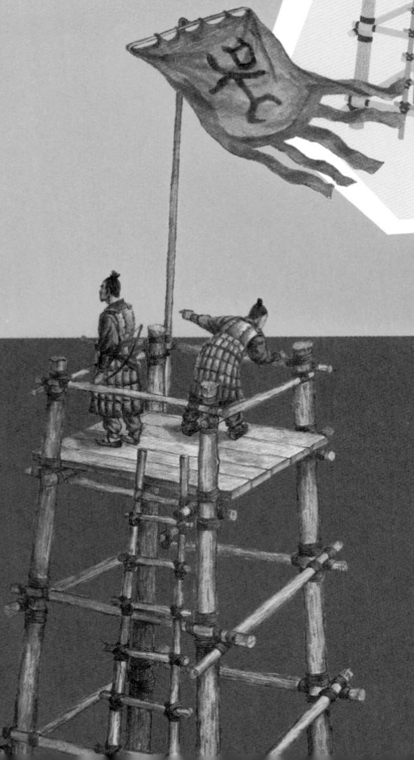

图中的瞭望台是搭建在桅杆之上的很高的平台。士兵站在这样的高台上可以侦察敌情、通信和预警。这里的瞭望台主要用于将军监视开凿运河的民夫工作。

知识点

水上宫殿

洛阳，605年

581年，隋朝建立，这是继秦、汉、西晋之后的另一个大一统王朝。604年，隋炀帝杨广接替父亲杨坚登基，并将国都从长安迁到了洛阳。在他登基后的第二年，他开始组织大量民夫修建运河。

前朝修建的运河零散而断续，并没有形成一条连贯的线路。隋炀帝将这些河段连接起来，修建了一条从北京到洛阳，再到杭州的运河。

人们认为隋炀帝修建运河主要有以下两个目的。首先，运河能够贯通南北地区，发展南北经济。前朝的统治者们主要通过运河更快地运送战备物资和军队，而隋朝已经完成了南北统一，人们转而开始思考如何让国家更加稳定地发展。当时中国的粮仓大多分布在南方，通过运河调运粮食能够解决百姓的温饱问题。其次，隋炀帝能够沿大运河巡游，不仅能够提升自己的威望，还可以向周边小国示威。

史书上对隋炀帝的评价较为负面，认为他是一个贪图享乐的皇帝。在他在位的14年中，有11年都进行了巡游。每次巡游都会携带大量官员、妃嫔、宫女和侍从。途中的花费都分摊到了当地百姓的头上，给百姓带来了极大的困扰。605年，隋炀帝乘坐龙舟从洛阳出发，前往扬州，这是他的第一次巡游，场面十分恢宏盛大。

在此后的十几年内，国内百姓苦于隋炀帝的暴政，自611年起，多地爆发农民起义。618年，隋炀帝被杀，隋朝灭亡。

水上宫殿
隋炀帝南巡
★★★

士兵

萧皇后

隋炀帝

官员

空间思维

605 年，隋炀帝南下巡视运河时，皇帝、皇后、官员和士兵分别乘坐不同的船只。你能找到他们各自对应的船只吗？

知识点

隋炀帝杨广是隋朝的第二位皇帝（604~618 年在位）。在位期间，他的成就之一就是修建大运河。除此之外，他还将国都迁到了洛阳。

龙舟

★★★★

观察力

龙是中国古代传说中的动物，象征着帝王的权力和威严。605年，隋炀帝从洛阳出发，南下巡视大运河乘坐的便是龙舟。你能从左侧5条龙中找出完全一样的两条吗？

龙是中国传统文化中一种非常重要的符号，中国人会称自己为"龙的传人"。在不同朝代，人们对龙的形象有着不同的描述。在远古时期，龙就成为了某些部落的图腾。从商朝开始，龙纹正式与天子权力联系到一起。

水上宫殿

隋炀帝的仪仗队

★★★★

逻辑思维

605 年，隋炀帝从洛阳出发，乘坐龙舟南下巡视。一支盛装的仪仗队在两岸护卫行进，旌旗蔽日。找出仪仗队马背上缺失的图形是什么？

隋炀帝每次出行，排场都很大，仪仗队以奢华著称。这令一向以文化自傲的江南士人不能不心服口服。

掉队的护卫船

★★★

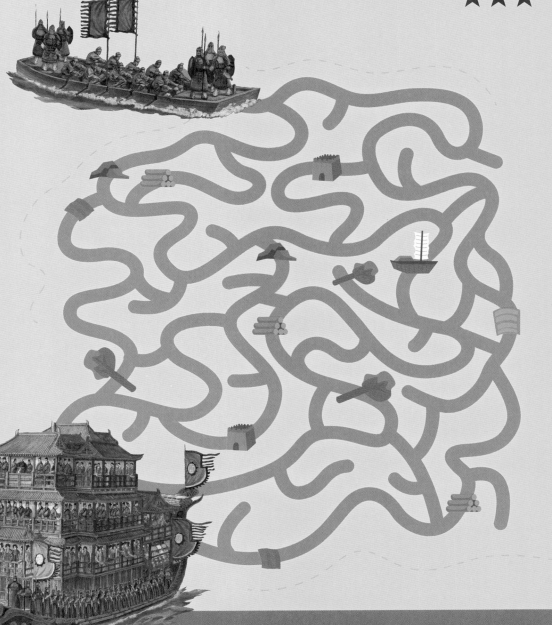

空间思维

护卫船是护卫皇帝安全的船只。船身宽且浅，载重大，操纵灵活，不容易搁浅，上面载满了全副武装的士兵。现在有一艘护卫船意外掉队了，你能帮助它快速找到正确的路线，追上隋炀帝的龙舟吗？注意避开路线中的障碍物。

据记载，隋炀帝南巡时乘坐的龙舟很庞大。整个龙舟一共分为四层：最上面一层是皇帝处理朝政和召见大臣的地方；中间两层是皇帝休息、娱乐的区域；最底下是内侍等人的住所。

知识点

物资争夺战

浚县，618 年

隋炀帝登基后在全国范围内大建宫殿，并建造了数万艘龙舟和楼船用于巡游。这些工程的花费让百姓苦不堪言，各地的农民联合起来，出现了多个农民起义军。其中，最壮大的一支就是由李密领导的瓦岗军。

616 年，隋炀帝在去往江都巡游的途中，遭到了瓦岗军的截击。此时，他已经无法回到国都洛阳了。看到天下已乱，隋炀帝索性决定在南京修一座宫殿。然而，随从的将士却思乡心切。于是，这些将士不再听从隋炀帝的命令，开始了叛乱。他们立其中一位将军宇文化及为首领。618 年，宇文化及下令将隋炀帝及宗室、外戚全部杀掉。此时，宇文化及有了一统天下的雄心。

他开始北上夺取洛阳，然而在途中粮草耗尽。当时距离他最大的粮仓，就是运河旁的黎阳仓，但此时那里已被李密带领的瓦岗军抢先占领。于是，两方在这里展开了激战。最终瓦岗军获胜，宇文化及逃走。

运河旁多建粮仓，便于人们将粮食运到岸边后存储。在古代，粮仓有着调节粮价和应对饥荒的作用。黎阳仓修建于隋文帝时期，一直沿用至北宋。它是重要的国家官署粮仓。人们经过考古发现，黎阳仓的仓窖大小不一，小的直径 8 米左右，大的 14 米左右，总储量约 3360 万斤，可供 8 万人吃一年。

物资争夺战
黎阳仓
★★★★★

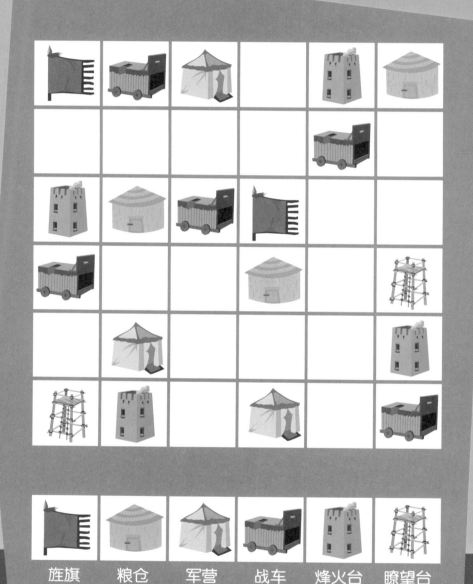

| 旌旗 | 粮仓 | 军营 | 战车 | 烽火台 | 瞭望台 |

逻辑思维

为了争夺粮仓，隋朝叛军和农民起义军瓦岗军展开了激烈的战斗。旌旗、军营、烽火台、粮仓、战车、瞭望台都是战争必备的元素。你能在每一行、每一列的网格里填上对应的物体吗？要求每行每列都不重复。

黎阳是历史上许多战争的发生地。瓦岗军首领李密曾带领自己手下的大将秦琼和程咬金，在这里与叛军首领宇文化及决战。

守卫城楼

★★★★

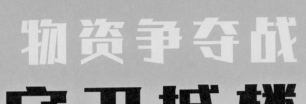

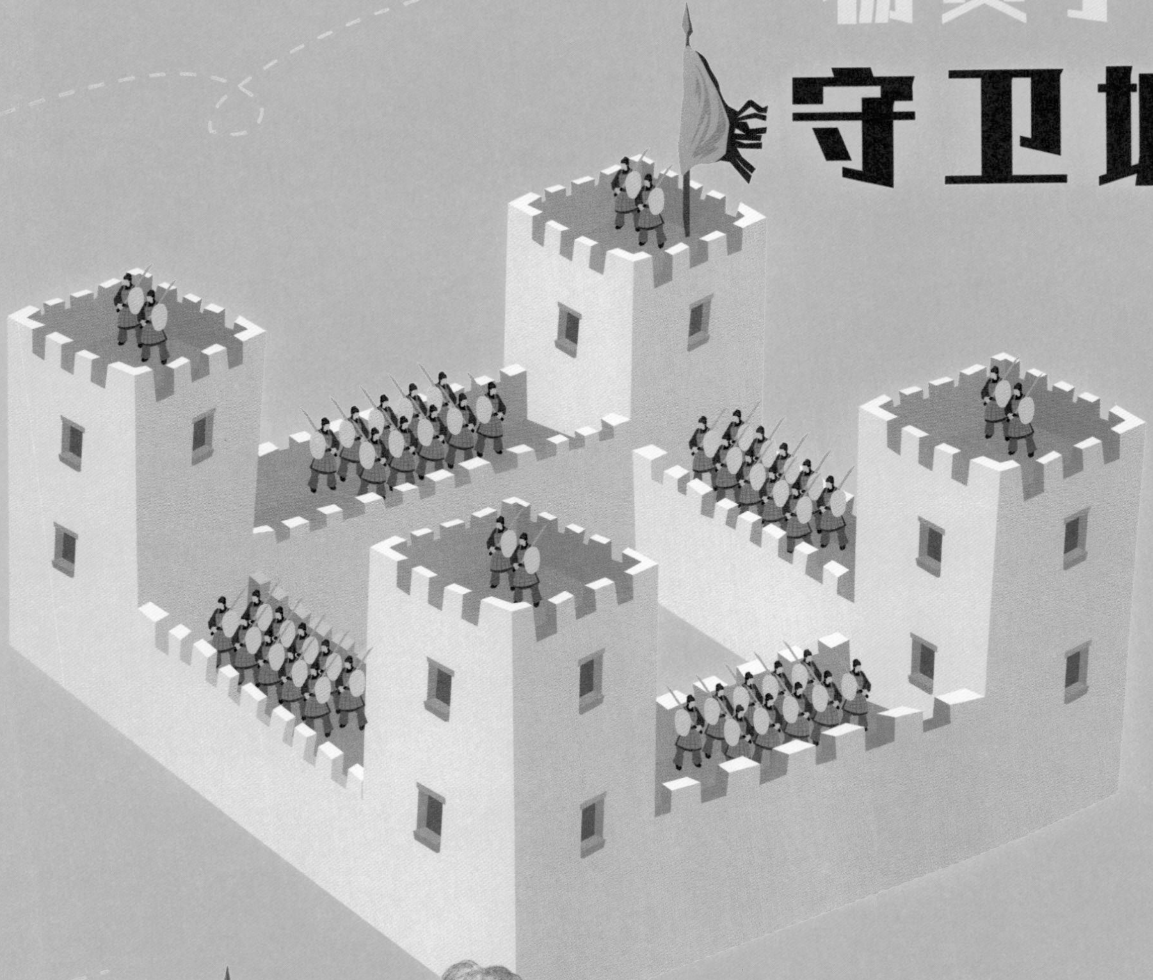

计算思维

叛军包围了大运河上的粮仓——黎阳仓，而黎阳仓此时正被农民起义军瓦岗军占领。守卫的瓦岗军士兵燃起烽火，请求增援。48名瓦岗军士兵被安排保卫城楼，每面城墙上都有14名士兵（如图）。指挥官觉得每面城墙上的士兵太少，因此决定在保持士兵总数不变的情况下，使每面城墙上有22名士兵。你知道他该如何重新安排士兵吗？

在中国古代，设置粮仓主要有两个目的：其一是在遇到饥荒的时候救济百姓，其二是在粮食不足的时候稳定粮价。

知识点

物资争夺战
爬云梯
★★★★

计算思维

云梯在古代是一种战争器械，攻城的时候用于攀登城墙。假设一个士兵从云梯的第 1 层阶梯爬到第 4 层阶梯需要花费 12 秒，请问他以同样的速度继续爬到第 8 层还需要多少秒？

知识点

云梯在夏商周时期就出现了。春秋时期，鲁班对它进行了改良。云梯主要分为三部分。它的底部有轮子可以推动；梯身可以用于攀爬城墙；梯顶有抓钩，可以钩住城墙。

烽火台

★★★★

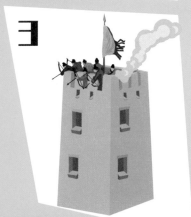

1 2 5 3 4

观察力

在古代，如果有敌人入侵，士兵们会在白天点烟，晚上点火，依靠烽火台将消息传递下去。你能从上面 5 个烽火台中找出完全相同的两个吗？

烽火是古代军队报警的一种方式。烽火台一般建在高处，方便相互瞭望。每个烽火台相距 2500 米到 5000 米不等。

知识点

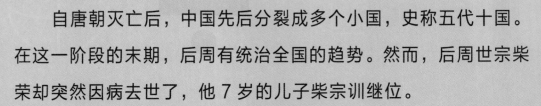

陈桥兵变

陈桥，960 年

　　自唐朝灭亡后，中国先后分裂成多个小国，史称五代十国。在这一阶段的末期，后周有统治全国的趋势。然而，后周世宗柴荣却突然因病去世了，他 7 岁的儿子柴宗训继位。

　　禁军最高统帅赵匡胤跟随柴荣多年，击败了南汉、南唐等国，在军中的威望极高。960 年，有消息称大辽要入侵后周，赵匡胤于是带兵前去迎击。他率兵从国都开封城出发，这座城市坐落在运河旁边，并依靠运河的航运繁荣发展。在途中，开封城传来了要立赵匡胤为太子的谣言。赵匡胤的亲信也开始在军中散播言论，宣称现在的皇帝幼弱，不能领导大家，不如立赵匡胤为皇帝，再去抗辽。

　　士兵的情绪立刻被煽动起来，赵匡胤的弟弟赵匡义和亲信赵普见状立刻将事先准备好的长袍披在他的身上。赵匡胤带领军队回到了国都开封，守在城门的将领都是赵匡胤的结拜兄弟。他们相互接应，悄悄进城，夺取了后周政权。这是一场没有大规模流血的兵变。赵匡胤从此建立了宋朝。

　　然而，在《辽史》中并未查到"陈桥兵变"的记载，辽朝当时是否有入侵也是个未知数。有人认为这可能是为赵匡胤兵变放出的假消息，或者说，辽朝只是在边境上有活动，没有大规模的入侵。

陈桥兵变
黄袍加身
★★★★

观察力、专注力

开封依托发达的运河水运，成为北宋时期世界上最繁荣的城市之一。960年初，在开封城北郊的陈桥发生了历史上著名的"陈桥兵变"事件。这幅图描绘的是赵匡胤黄袍加身的场景，你能用你的火眼金睛发现两幅图的6处不同之处吗？

知识点

隋唐之前，皇帝对衣服的颜色没有明确规定。后来，人们崇尚以黄为贵，黄袍就成为了皇帝的专用衣着。

全副武装的士兵

★★★

全副武装的士兵守卫在赵匡胤的营帐外面，头盔上的红色流苏表明他在士兵中具有比较高的地位。

观察力

你能观察到这个士兵身上都有哪些装备，并从左图中找出正确的答案吗？

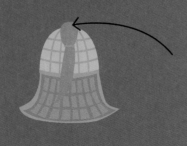

在古代，头盔上的流苏表明了军衔等级。只有高阶军官才有资格在头盔上装饰华丽的流苏。

知识点

陈桥兵变
兵器架
★★★★★

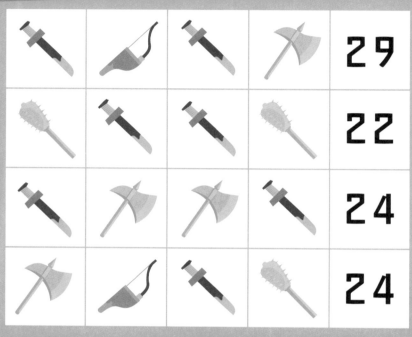

符号思维

兵器架上陈列着许多武器，下面四种武器分别代表不同的数字。每一行末尾的数字等于该行中的武器代表的数字之和。那么，每种武器代表的数字分别是多少？

知识点

弓是一种古老的弹射武器。在古代，人们将弓大量用于狩猎和战争。而现在，弓主要用于体育竞技。

逻辑思维

官员正端着玉杯向新皇帝赵匡胤敬酒。玉杯是春秋战国时期的一种器皿。下面是 10 只倒扣的玉杯，如果每次必须翻转 3 只玉杯，那么要将下面 10 只杯子全部翻转过来最少需要几次？

陈桥兵变
玉杯
★★★★★

在中国文化中，玉十分重要。人们认为它有避邪等作用。皇帝的玉玺也是用玉雕刻的。

人间天堂

杭州，1185 年

　　杭州是京杭大运河的起点。依靠运河，货物在这里进进出出，促进了城市的繁荣。意大利旅行家马可·波罗曾到访这里，并在《马可·波罗游记》中称杭州为"世界上最美丽的华贵之城"。

　　杭州是一个盛产丝绸的城市，其气候条件和土壤环境适合桑树的生长和桑蚕的繁殖。根据杂史《武林旧事》记载，杭州的街道上，随处可见穿丝绸的年轻女性。而在其中一个官营的织造机构内，就有织机 300 多台，工匠数千人。

　　除了国内的贸易往来密切外，宋朝的对外贸易也很发达。杭州的商行众多，货物十分齐全，吸引了来自日本、高丽、波斯等 50 多个国家的商人和使节。他们从这里购买丝绸、茶叶和香料等物品，然后带回国。

　　然而，宋朝的繁荣景象没能一直维持下去。末期的统治者对外屈服，对内迫害岳飞等爱国将领。人们沉迷于表面的祥和之下，林升曾在杭州写下了《题临安邸》，表达自己的忧虑。

人间天堂
赛龙舟
★★★★

计算思维

我国在每年端午节都会举行龙舟比赛，以纪念屈原。大运河南端的杭州城里正在举行龙舟比赛。把龙舟后面浪花中的数字相加，把答案写在等号后面的空白处，得出的数字最大的，就是速度最快的龙舟。你能找出划得最快的龙舟吗？

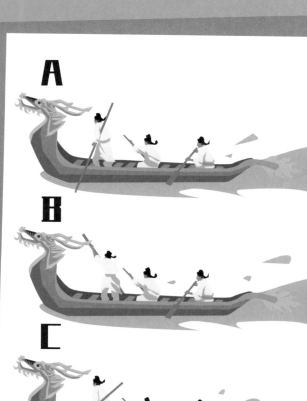

A $56 + 41 + 32 + 62 + 24 =$?

B $55 + 42 + 34 + 61 + 25 =$?

C $57 + 40 + 33 + 63 + 23 =$?

赛龙舟是中国端午节的习俗之一。这项活动相传起源于春秋战国时期，人们见屈原投江，争相划船施救。在2010年的广州亚运会上，赛龙舟成为正式比赛项目。

称蔬菜

★★★★★

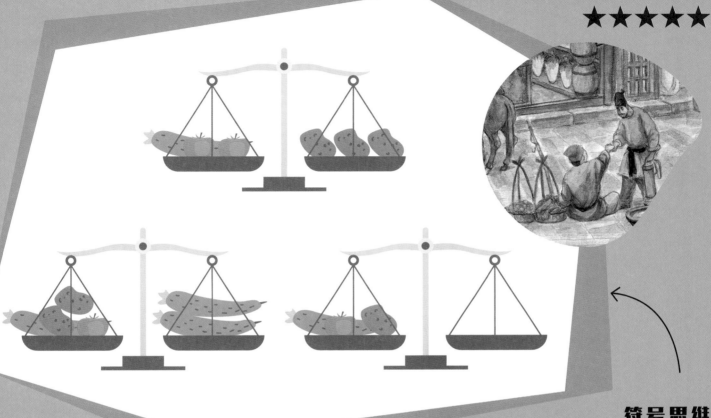

符号思维

在大运河南端的杭州城里，小贩正在贩卖蔬菜。假设有一架天平，请你算一算，需要在第三台天平空着的托盘上放多少个番茄才能使天平平衡？

秤是古代人们在市集做买卖时为了公平交易而发明的一种测定货物重量的工具。秤在中国已经有两千多年的历史。

知识点

人间天堂

找图中物品数量

★★★★

杭州位于大运河南端，这里曾经是五代十国的吴越和南宋的国都。左边这幅图就描绘了繁荣的杭州城内景。你能通过观察这幅图画，回答下列问题吗？快来测试一下你的火眼金睛吧。

1 图中有几头 **驴子？**

2 驴车上有几袋 **粮袋？**

3 图中有几顶 **轿子？**

4 图中有几个 **挑担的人？**

杭州自秦朝设县以来已经有两千多年的历史了。它是京杭大运河上重要的通商口岸，这里本身又是盛产丝绸和粮食的地方，因此各地的人们汇聚于此进行贸易往来。

知识点

香料
★★★★★

丁香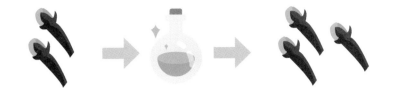

豆蔻

肉桂

胡椒

符号思维

宋朝的经济政策开放，进出口贸易频繁，香料、药材和矿物是主要的进口商品，并且当时已经出现了类似海关的机构。阿拉伯商人来到当地做生意，带来了丁香、豆蔻、肉桂和胡椒。有一个魔法瓶，如果放入一些香料，会变出更多的香料。你知道魔法瓶能变出多少粒胡椒吗？

在古代欧洲，香料比黄金还要宝贵。最受欧洲人欢迎的香料有胡椒、肉桂、豆蔻和丁香等。对香料的渴望直接催生了地理大发现。

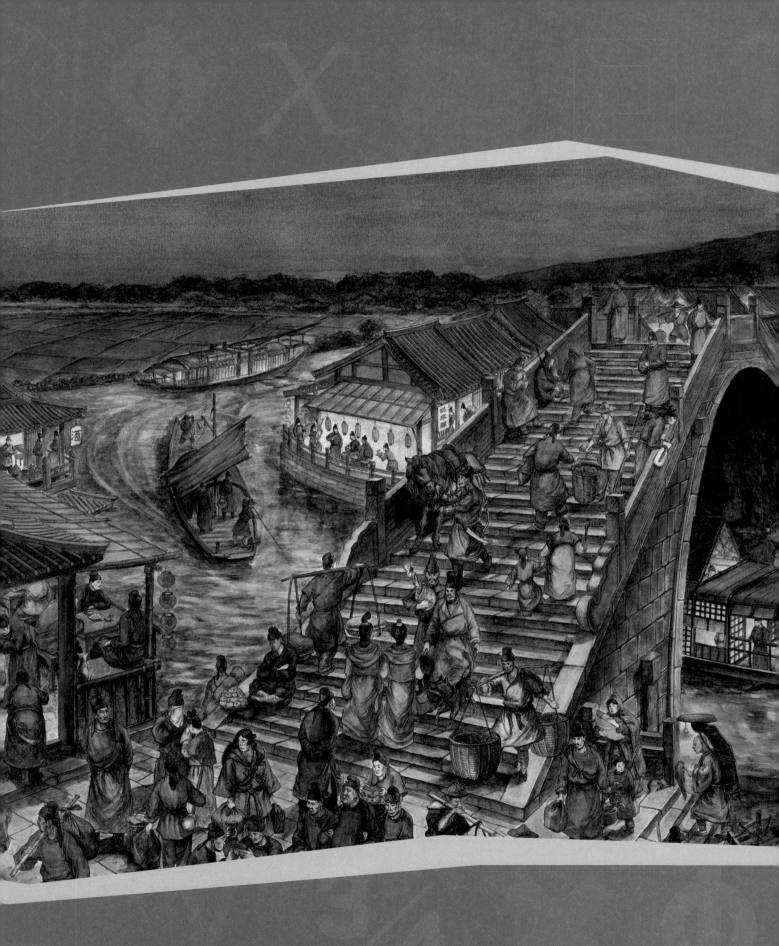

枫桥月夜

苏州，760 年

隋朝只持续了 37 年就灭亡了，它没能享受大运河带来的便利。这笔珍贵的遗产留给了唐朝，并被发扬光大。

唐朝时的苏州城，依靠运河成为了南方最繁华的都市之一。即使在今日，苏州城里也有几乎一半的货运量是通过水路进出的。

755 年，唐朝爆发了"安史之乱"。唐朝将领安禄山与史思明为了争夺统治权发动叛乱。到了 760 年，虽然"安史之乱"已经接近尾声，唐朝已经显示出衰落的迹象。但在位处南方、远离战争的苏州城里，却似乎闻不到一丝萧条的气味：月色在河水中缓缓流动，比月色还亮的是街市两边店铺里的灯火，店里乐声纷纷，人们笑语盈盈。

然而，在从北方来到此处避难的文人张继眼中，这宽广运河上的枫桥渔火，远处寒山寺里传来的钟声，却扰动着他的心弦，令他久久无法入睡。此刻，还有很多个像他这样为避战火而来到南方的士子，对于见证过北方惨象的他们来说，眼前的繁华和静谧，几乎让人觉得不真实。或许是因为远离战火，所以这里才能保持着如此的繁华；又抑或是因为运河带给这里的繁华，大唐王朝才能在战火熄灭之后，勉强挺过这一场灾难。他，张继，是该为眼前的歌舞升平而庆幸，还是该为人们的不知忧虑而叹息？

枫桥月夜
石拱桥
★★★★

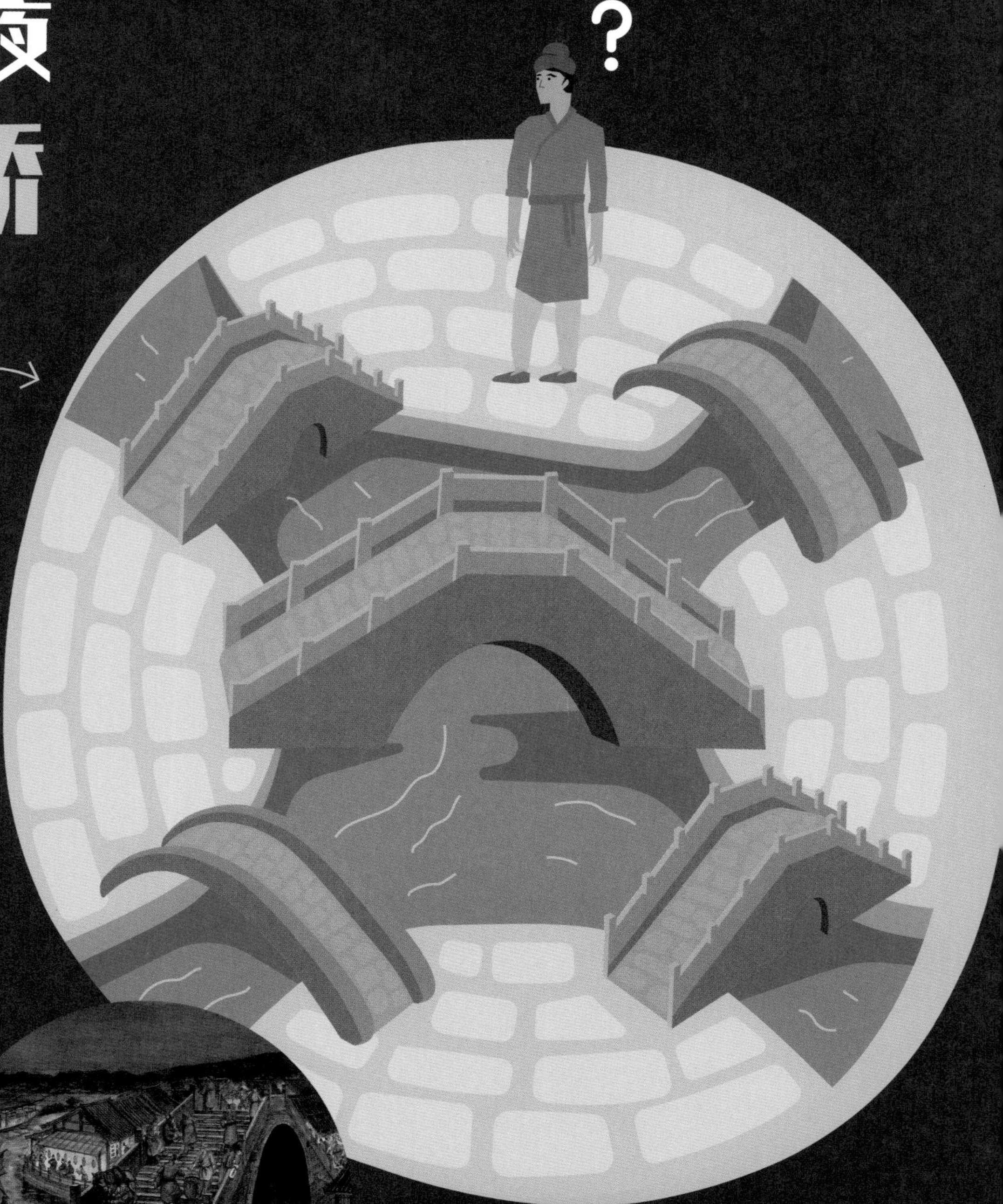

逻辑思维

苏州是一座古老的江南水乡，城内有许多石桥，其中就有一座叫枫桥。这是横跨在大运河上的一座石拱桥，许多漕船由此经过，客船在此落客。假如现在城内有5座石桥，如右图所示，请问你从哪里出发可以一次性不重复地走完所有石桥？

知识点

拱形建筑在世界各地常常出现。它依靠石块之间的挤压和摩擦，将拱顶所负载的压力传递到两侧，因此石拱桥的两端要做得非常坚固。

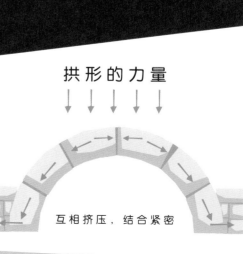

拱形的力量

互相挤压，结合紧密

枫桥月夜 寒山寺

★★★★★

1 有两个数字是第一层密码中的数字，但位置不对。

581

2 有一个数字是第一层密码中的数字，且位置正确。

153

3 有一个数字是第一层密码中的数字，但位置不对。

461

4 有一个数字是第一层密码中的数字，但位置不对。

238

5 没有数字是第一层密码中的数字。

623

?

逻辑思维

寒山寺是苏州著名的景点，也是中国非常著名的寺庙。假如寺庙的每一层都有一组3位数的密码，你能根据左边对于密码的提示，算出第一层的密码是什么吗？密码是由3个不同的数字组成的哦！

"寺"是对佛教建筑的一种专门称呼。中国有十大名寺，而寒山寺就是其中一座。寒山寺始建于南朝，相传在唐朝时有个叫"寒山"的僧人居住于此，因此改名为"寒山寺"。

枫桥月夜

丝绸

★★★

A

B

C

D

观察力

苏州自古以丝织品闻名，下图是坐落在苏州的一座丝织品作坊。左图是唐代丝绸上面的花纹，其中一个与其他三个不一样，你能找出来吗？

在古代，中国的丝绸就已经风靡海外。中世纪时，拜占庭皇帝查士丁尼获得了丝绸的制作方法，希腊的底比斯成为了当时欧洲的丝绸制作中心。

知识点

枫桥月夜

遣唐使

空间思维

唐朝的经济文化十分繁荣，日本、高丽等周边国家都纷纷派出使节团来中国交流学习。右图是一名来到中国苏州的使节。假如有 5 名使节要来苏州，你能找出他们哪一位到达了正确的目的地吗？

公元 7 至 9 世纪，日本派遣到唐朝的官方使节被称为遣唐使。日本京都的城市格局和建筑风格就是模仿唐朝的长安城和洛阳城。

运河危机

在京杭大运河的沿线，有一个地方汇聚了黄河、淮河和大运河三条水道，这个地方就是位于江苏淮安的清口。由于黄河水势凶猛，并且携带大量泥沙，这里经常会出现河道淤塞的现象。同时，黄河的水势又比运河要猛，所以此处还会发生水流倒灌，淹没周围湖泊的情况。泛滥的河水对两岸居民的生活造成了极大的影响。

要想解决这一问题，就要不断修筑水利设施。简单来说，就是通过修筑大坝，将堤岸不断加高，从而起到控制水流流向的作用。

康熙皇帝对淮安的情况十分关注。在他的六次南巡中，他曾多次来到淮安。1689 年，他乘船到各处检查，亲自指挥测量了清口附近的洪泽湖水位。他认为洪泽湖的水位比黄河水位低，一定会引起黄河倒灌。因此，他提出了治河的想法，也就是在修筑大坝的同时深挖运河河底，从而减少泥沙的淤积。这一设想后来也得到了乾隆皇帝的认同。

运河危机
洪水泛滥的原因
★★★

空间思维

淮安的清口是黄河、淮河和大运河的交汇处，清口枢纽也是十分重要的水利工程。每当雨季，黄河常常发生倒灌，黄淮二河一起涌入运河，冲毁堤坝，导致洪水泛滥。

B2 D3

B4 D3

C4 D3

1 请根据数字顺序，用笔描绘出其中一条河的正确走向。

2 请根据右边的密码表，找出每条河的正确名称，并填写在方框内。

4	清	运	黄	江
3	口	雄	长	河
2	渠	淮	沟	湖
1	大	海	泥	沙
	A	B	C	D

知识点

黄河是中国第二大的河流，仅次于长江。它的脾气非同一般，历史上黄河有 6 次较大影响的改道，也就是河流不再沿着以前的河道，而是沿新的路径流动。

康熙视察清口

★★★★

观察力、专注力

泥沙淤积堵塞了河道，导致黄河经常泛滥。康熙皇帝非常重视水利工程，上图描绘的就是康熙皇帝来清口视察水利工程的场景。你能找出两张图片之间 6 处不同的地方吗？

康熙皇帝的本名是爱新觉罗·玄烨，他是一位非常有作为的君主。除了治理水患外，他最著名的成就就是平定三藩之乱。清朝初期，中国南方的三个藩王起兵反清，康熙铲除了这三股割据势力，维护了国家的统一。

运河危机
木刻地图
★★★

空间思维

木刻地图能直观地反映出地形地势，康熙皇帝亲临治河时经常使用这种地图。下图是河道总督靳辅，他手中捧着的正是这种木刻地图。右侧的木刻地图缺了一块，你能找出它缺失的是哪一块吗？

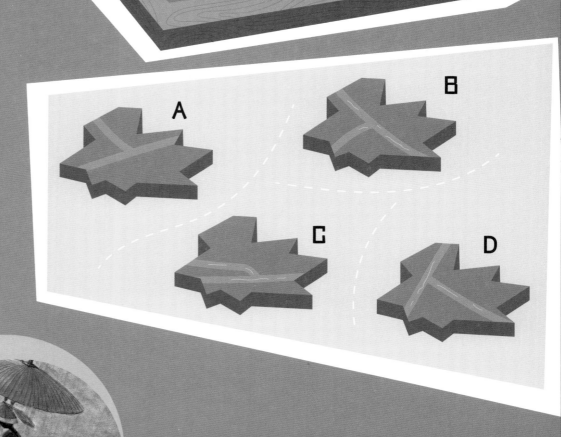

立体地图最早可追溯到秦始皇时期。人们使用不同的材料来模拟各种景观。其中较为著名的是北宋时期沈括发明的木刻地图。它由面糊、木屑压制成模型再雕刻而成，能直观地展现实地地形。

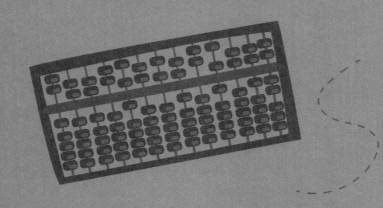

运河危机
治河材料
★★★★

计算思维

埵（sào）是一种由秫秸（shú jie）、石块、树枝、芦苇等捆扎而成的治河材料，用于堵住决口，保护堤岸。当有一个河堤决口时，河工会放入埵来堵住决口。如果每一层放入的埵比下方一层多一个，河工制作了21个埵，请问一共可以垒多少层？

康熙皇帝在治河的过程中十分重视河图，在南巡时也随身携带。河道总督张鹏翮（hé）曾绘《运河全图》，图中描绘了清朝时期北京至杭州之间京杭运河的全程。

知识点

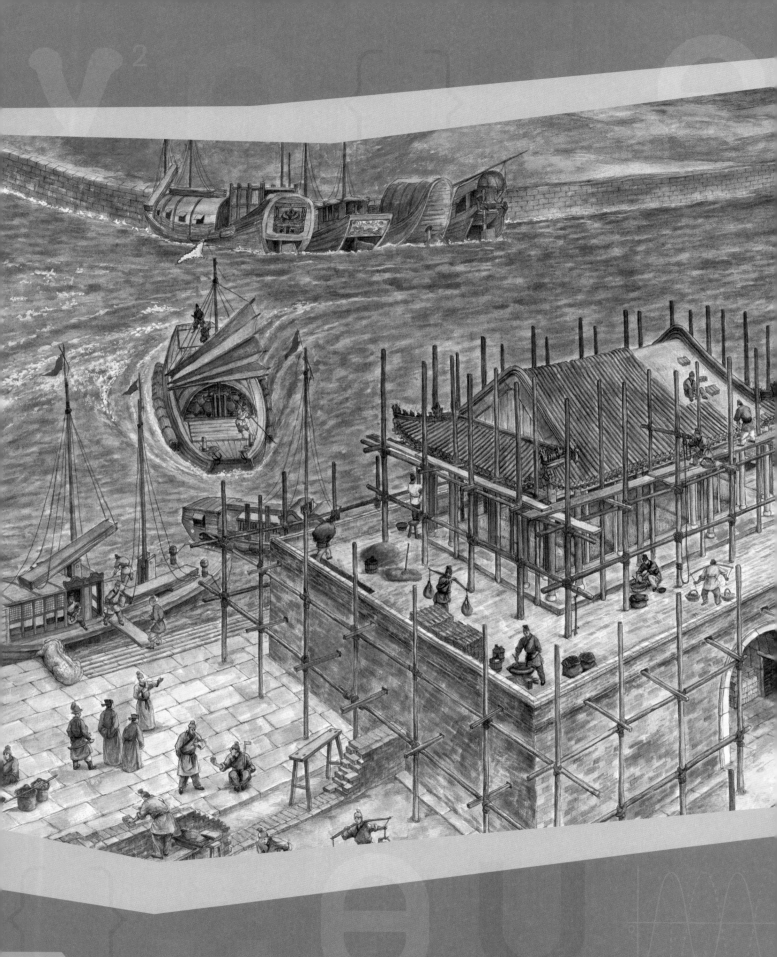

水上屋脊

南旺，1420 年

　　京杭大运河在流经位于山东省济宁市的南旺时遇到了一个难题。南旺地势较高，它比在此之前流经的临清要高出 20 米左右。这就导致河水到达南旺后，流速变得缓慢，河道也变浅，这十分不利于船只的通行。

　　明朝永乐年间，工部尚书宋礼被委任解决这一问题。起初，他提出的方法并没奏效。无奈之下，他微服出访，希望能够在民间寻找到解决问题的方法。途中，他遇到了民间水利专家白英。白英对南旺的地势十分熟悉，于是提出了自己的建议。离运河不远的地方有一条汶河，汶河的地势比运河高出不到 100 米，因此可以从这里引水。汶河与运河中间有两个湖，汛期时利用两个湖蓄水，旱期就开闸给运河补水，从而保证运河的水量充足。这一方法果真解决了问题。

　　为了纪念宋礼和白英两人，人们在汶河与运河交汇的地方修建了南旺分水龙王庙。它在明清时期多次扩建，形成了一组规模宏伟的建筑群。

水上屋脊
南旺分水工程
★★★★

空间思维、逻辑思维

南旺的地势比上下游高，河水时常断流，民间水利专家白英通过从地势更高的汶河引水解决了这一问题。假如一艘小船从汶河出发，沿着数字从小到大的方向航行，且所有数字按一定规律排列。它需要经过所有的水上航线和水闸，最终到达大运河。请标出小船的行驶路线，并且填上缺失的数字。

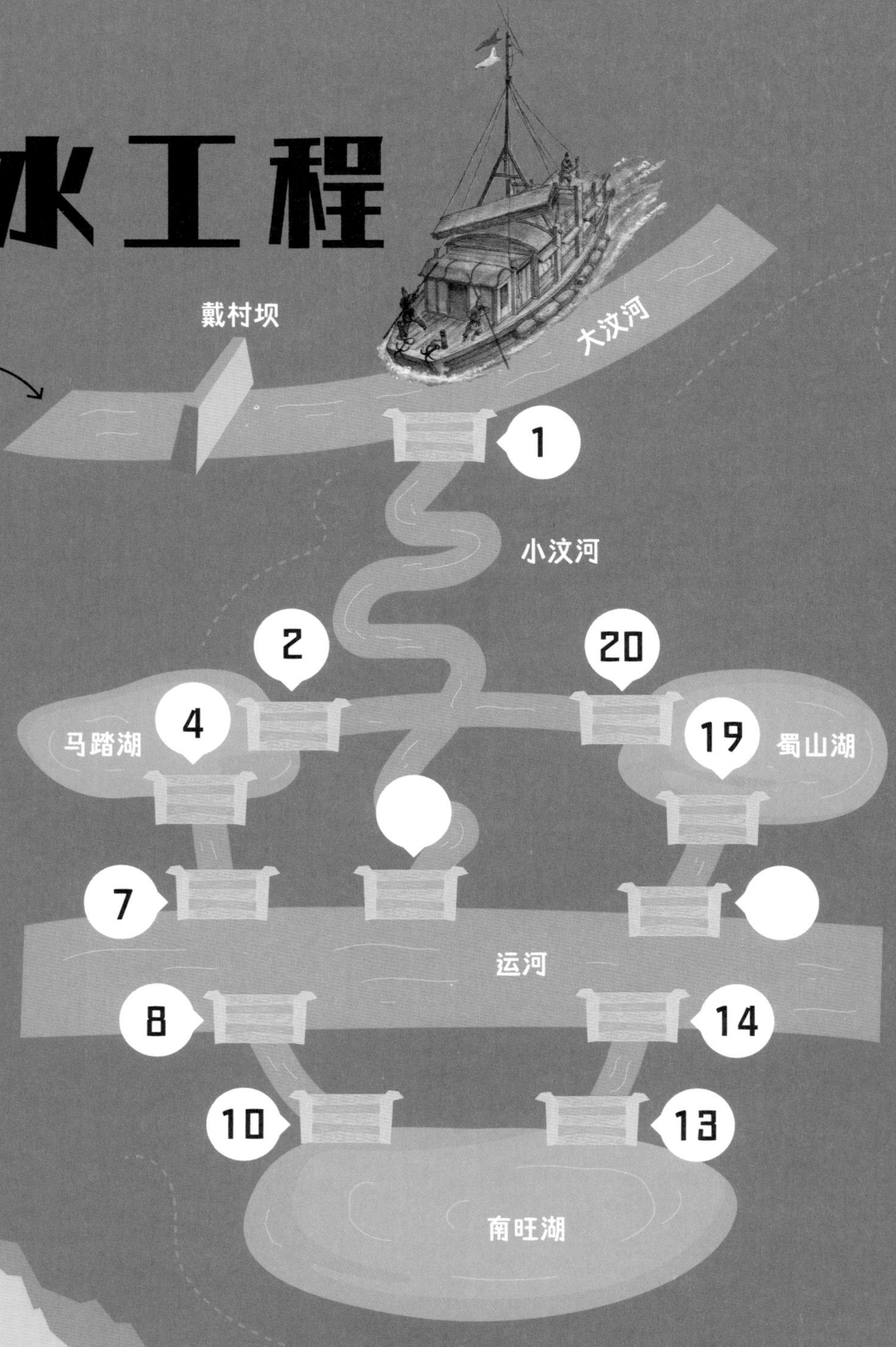

戴村坝

大汶河

1

小汶河

2

20

4

19

马踏湖

蜀山湖

7

运河

8

14

10

13

南旺湖

高程（米）
50
40
30
20
10
0
-5
-10

北京

南旺

杭州

知识点

上图是大运河全程的海拔图。从图中可以看出，南旺镇是整个运河的最高点。它就像骆驼的驼峰，因此被称为"水上屋脊"。

水上屋脊
龙王庙
★★★★

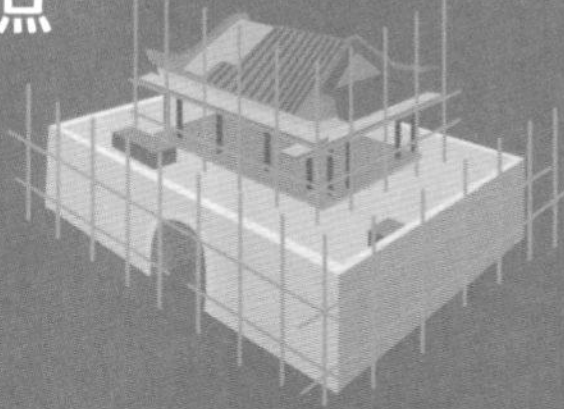

起点

空间思维、逻辑思维

为了纪念南旺分水枢纽工程，1420年人们在分水处建造了龙王庙。左图是一个担夫正在运送砖块到龙王庙。你能帮他找到正确的路线吗？观察正确路线上的沿途数字，你会发现它们是一组有规律的数字。请你在终点处填上正确的数字。

终点

在中国神话故事里，龙王负责掌管雨水。《西游记》中就有龙王的形象。民间传说中的四海龙王为东海龙王敖广、南海龙王敖钦、西海龙王敖闰、北海龙王敖顺。孙悟空的金箍棒就是从东海龙王处求得的。

知识点

水上屋脊

文房四宝

★★★★

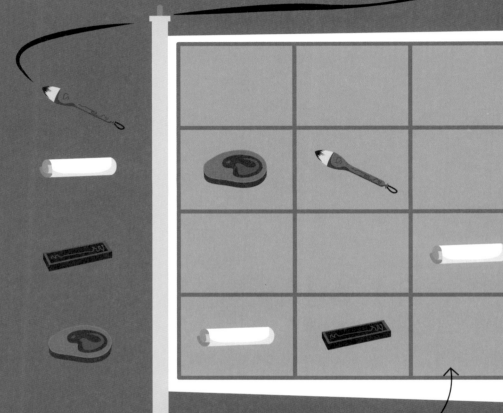

逻辑思维

在大运河沿线的南旺镇上，一个商贩正在向顾客兜售毛笔。纸、墨、笔、砚是中国传统的书写与绘画用具。在上图的格子里填上这四样物品，要求每行每列都不重复。

知识点

"文房四宝"一词起源于南北朝时期。它指纸、墨、笔、砚。宣纸是供毛笔书写和绘画用的特有的纸张，质地柔韧。

水上屋脊
无法起航的船
★★★

观察力

这艘货船停靠在南旺镇，它由于丢失了配件而无法起航，你能帮它把丢失的配件找齐吗？

明朝最著名的船之一就是郑和宝船。它是郑和下西洋时乘坐的其中一艘船，是整个船队中最大的母船。这艘船一共有四层，长148米，宽60米，是当时世界上最大的木帆船。

征税关卡

临清，1600 年

　　在古代，政府为了让整个国家运行下去，要向各地征税。税收种类有很多，关税就是其中一种。人们在运河沿线设置了税关，每当商船开到税关时，商人需要交税才能通过。

　　明朝时期，人们原本使用白银，但政府强制推行大明宝钞，扰乱了市场运行，导致大明宝钞贬值。由于商人拒绝使用大明宝钞做交易，因此政府准许商人使用大明宝钞来交税。因此税关又被称为"钞关"。

　　临清的钞关是目前仅存的运河钞关。它是一组建筑群，里面有多个房屋，东西长 130 米，南北宽 96 米。

　　1901 年，清政府停止使用运河调运粮食，改为铁路运输。钞关也因而失去了它的作用。

征税关卡

临清
★★★★★

1 2 3 4 5 6 7 8 9 10 11 12

空间思维

临清位于山东省西北部。明清时期，这里设有运河钞关，负责管理漕运关税。临清因运河变得繁荣，各地商人云集于此，商铺林立。请把上面的碎片重新排列，使其组成一幅完整的明清时期临清大运河景观。

知识点

钞关是明朝和清朝时政府在运河上设立的税收机构。万历年间，临清钞关的税收额曾位居八大钞关之首，是明朝重要的税收来源。

斗草

★★★★

空间思维

斗草是民间流行的一种游戏，游戏双方手持草柄交叉拉扯，草柄断的一方输。几个小朋友在玩斗草游戏，其中一个小朋友因为输了游戏不服气，出了一道题考考大家。他将草柄拼接组成 5 个小正方形，让大家取走其中 3 根，使剩下的草柄正好组成 3 个小正方形。你能解出这道题吗？

斗草分为"武斗"和"文斗"。文斗需要一定的文学修养。《红楼梦》中就有斗草的情节。

大家采了些花草来兜着，坐在花草堆中斗草。这一个说："我有观音柳。"那一个说："我有罗汉松。"那一个又说："我有君子竹。"这一个又说："我有美人蕉。"这个又说："我有星星翠。"那个又说："我有月月红。"这个又说："我有《牡丹亭》上的牡丹花。"那个又说："我有《琵琶记》里的枇杷果。"豆官便说："我有姐妹花。"众人没了，香菱便说："我有夫妻蕙。"

征税关卡
水中的木材
★★★★

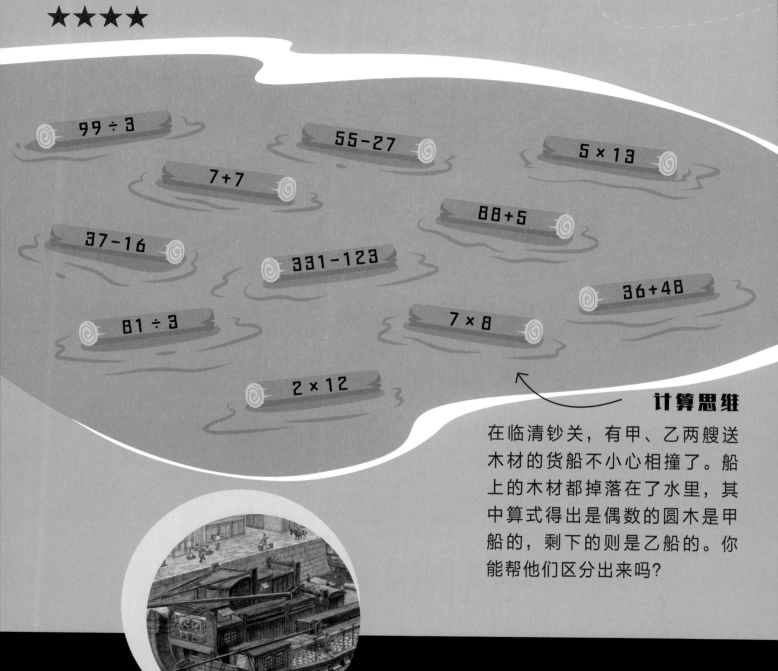

99 ÷ 3

55 – 27

5 × 13

7 + 7

88 + 5

37 – 16

331 – 123

36 + 48

81 ÷ 3

7 × 8

2 × 12

计算思维

在临清钞关，有甲、乙两艘送木材的货船不小心相撞了。船上的木材都掉落在了水里，其中算式得出是偶数的圆木是甲船的，剩下的则是乙船的。你能帮他们区分出来吗？

知识点

在古代，木材的运输需要借助水运。一种方式是把单根木头或者很多根结成木排的木头推到水中，利用水的浮力运送。另一种方式是船运，这种方式占比最大，也最安全。

逻辑思维

临清的砖窑沿河分布，这里生产的砖通过大运河运往京城，供皇家使用。你能将 1~5 填入右图的数字砖墙中吗？砖上的数字是其底部接触的两块砖上的数字之和或差（如下图所示），且每一层砖块上的数字不能重复。

之所以在临清设置钞关，其中一个原因就是修建皇宫所需的贡砖出自临清。临清的土质好，烧出的砖质量很好；且临清紧靠运河，贡砖可以直接通过运河运送到皇宫。

现代大都市

天津，2020 年

　　天津是一个依靠运河繁荣起来的城市，而它发展的起点就在三岔河口。这里是海河、北运河和南运河交汇的地方，也是运河与海洋连接的地方。

　　人们常说，先有了三岔河口，才有了天津这座城市。这是因为古代的陆地交通不发达，人们会沿河迁移，依河而居。自隋炀帝开凿运河后，天津逐渐变成了一个枢纽，吸引了大量人口来此居住。

　　现在的三岔河口已经变成了天津的文化符号，许多地标性建筑也修在这里，如"天津之眼"和望海楼教堂。游客们坐在观光船上欣赏两岸的风光，河道旁是密密麻麻的高楼大厦，街边的商贩也在忙碌着，共享单车展现了科技的进步。

　　虽然运河不再发挥运送粮食的功能，但三岔河口仍然存在，它见证着天津的发展。这里是古代的延续，也是现代的见证。

现代大都市
露天酒吧
★★★

观察力

现代天津是一个充满活力的港口城市。上图就是天津一处热闹的露台。仔细看一看图，你能找出右侧人物和物品的具体数量吗？把答案填在空白的圆圈内吧。

1 图中有多少把 **吉他？**

2 图中有几个 **抱着小孩的人？**

3 图中有几把 **遮阳伞？**

知识点

天津是直辖市，自古因漕运而兴起。很多人到天津必吃的是"狗不理"包子，必听的是津味相声，必买的是"泥人张"彩塑。

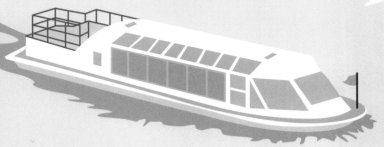

游艇

★★★★

计算思维

在天津的三岔河口，一艘游艇和一艘观光船正在海河的水面上行驶，它们相距 500 米。游艇的速度为 50 千米 / 时，观光船的速度为 10 千米 / 时，如果游艇行驶到图中观光船的位置，那么请问它此时距离观光船有多远？

三岔河口是天津的发源地，它发挥着漕运和海运的功能。这里曾是天津最早的居民点，现在逐渐变成了游客观光的地方。

现代大都市
遮阳伞
★★★

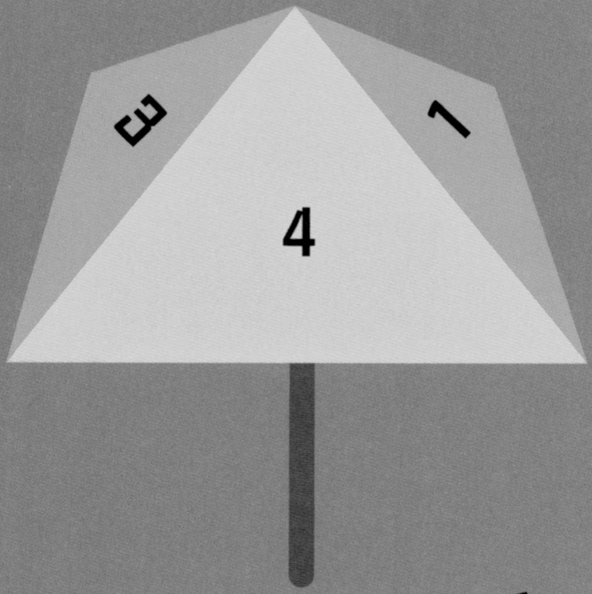

空间思维

在天津三岔河口海河的岸边，有一处露天咖啡馆，里面立着一把遮阳伞。伞的四面分别写着1、2、3、4，请问把这个伞面展开，会得到右图中的哪一个平面图呢？

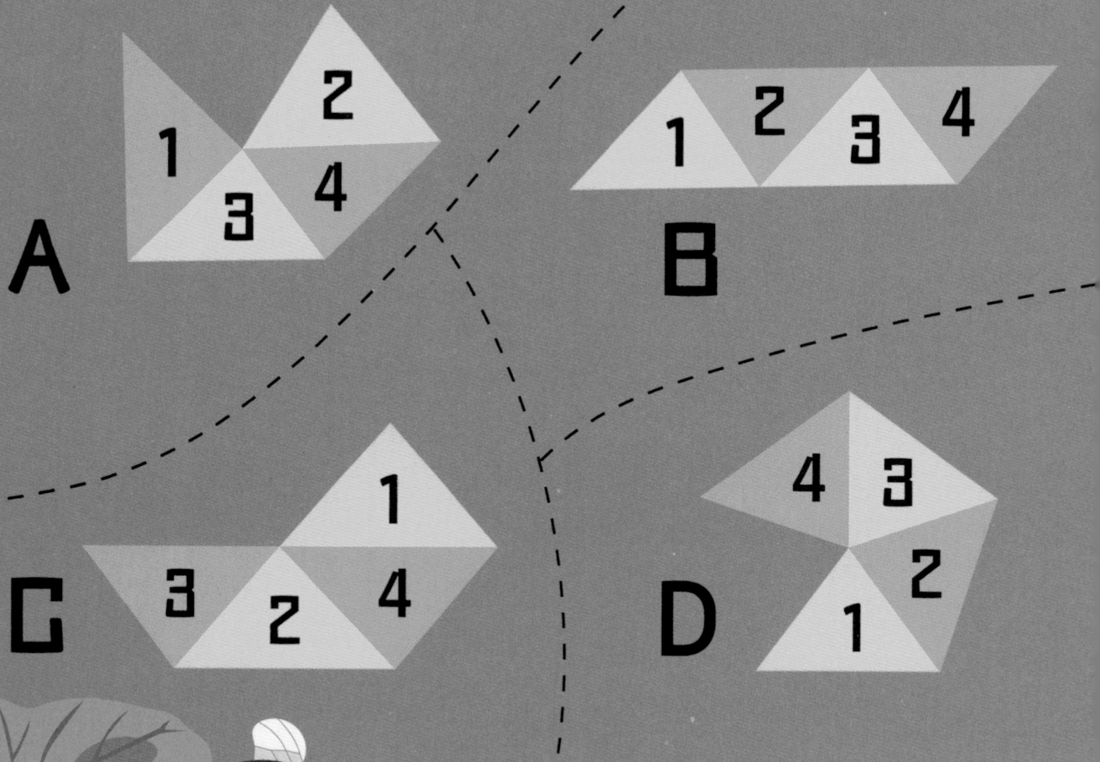

A 1 2 3 4

B 1 2 3 4

C 1 3 2 4

D 4 3 2 1

知识点

传说雨伞是由鲁班发明的。他有一次看见孩子们在荷塘边玩水，他们将荷叶倒扣在头上。于是他灵机一动，照着荷叶的形状和叶脉，用竹子和羊皮做了一把雨伞。

现代大都市
摩天轮
★★★

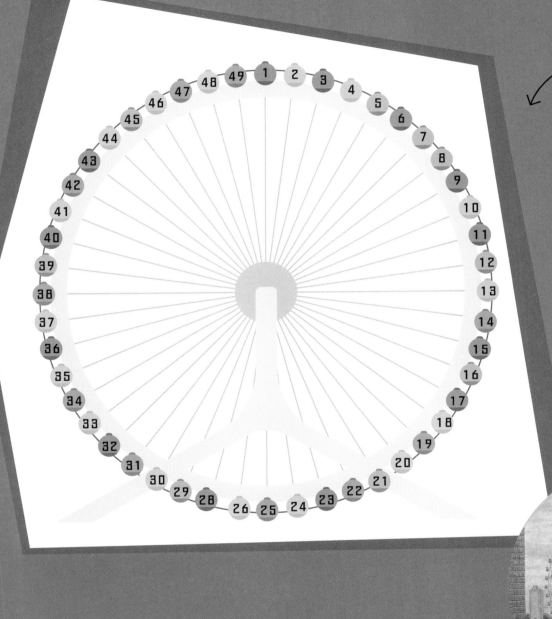

数感

"天津之眼"是天津的地标性建筑之一。它是世界上唯一一座建在桥上的摩天轮。这座摩天轮一共有48个透明的座舱，图上现在却标到了49，到底丢失了哪一个数字呢？

英国伦敦的泰晤士河畔也有一个举世闻名的摩天轮，它被称为"伦敦眼"。整个摩天轮高135米，升到半空可以鸟瞰整个城市。它也是伦敦的地标之一。

发光航标

通州，1450 年

　　明朝是漕运的鼎盛时期，最多时一年可调运粮食 600 万石（dàn），也就是 37.5 万吨。各地的漕船将粮食运到通州后，经验粮官检查合格的粮食，被运往通州的各个粮仓。通州当时有十几个粮仓，在清朝时期被毁，现在大多都已消失。

　　通州的标志性建筑是燃灯塔，它位于三教庙内。塔全高 45 米，塔身有 13 层。燃灯塔十分高大，它不仅起到了导航的作用，也成为了很多文人墨客描绘的主题。清朝的王维珍就在《古塔凌云》中提到"一支塔影认通州"。

　　燃灯塔所在的三教庙也是一道独特的景观。"三教"指的是儒教、佛教和道教。三座庙宇呈品字形，其中儒教的庙宇最大，体现了儒家学说在古代的地位。品字形的布局也体现了三教相互独立又逐渐融合的历史。

发光航标
燃灯塔
★★★

专注力

燃灯塔是大运河北端的标志性建筑，塔身呈八角形，共有 13 层。你能按照顺序把点都连起来吗？然后给它涂上美丽的颜色吧。

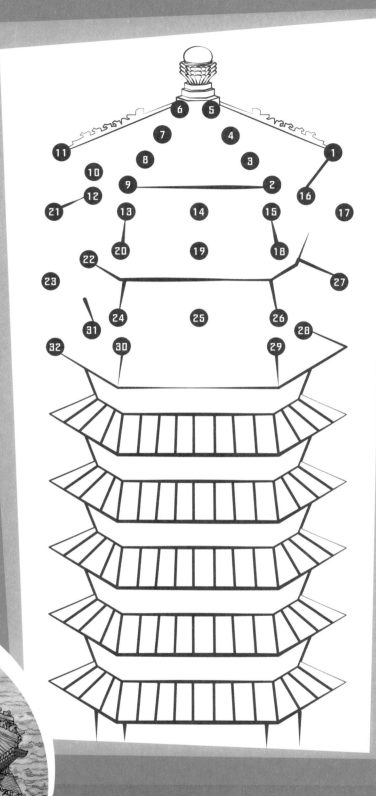

燃灯塔是运河四大名塔之一，塔中供奉着燃灯佛的舍利子。燃灯佛是释迦牟尼的老师，在佛教中地位极高，圆寂后火化出许多珍珠般的舍利子。

发光航标

粮仓

★★★★★

一号粮仓　　　　二号粮仓

计算思维

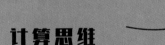

通州码头有许多粮仓，里面贮存着许多从南方运来的漕粮。这里的粮仓做临时转运用，贮存的粮食很快会被分配到下一个目的地。假设现在通州码头有两个粮仓，一号粮仓的存粮是二号粮仓存粮的2倍，一号粮仓每天运出粮食20石，二号粮仓每天运出粮食15石。若干天后，二号粮仓已经全部运空，一号粮仓还有30石粮食，请问两个粮仓原来各有多少石存粮？

粮仓是一种专门储藏粮食的建筑。古代人抵抗自然灾害的能力很差，一旦遇上灾年，颗粒无收，就会形成大饥荒，影响国家稳定。因此，粮食问题是国家头等大事，历代君王都积极地修建官仓，贮存官粮来应对灾年。

知识点

发光航标

车轴
★★★★

6

数感

粮食从大运河上的货船卸载下来后被直接装上马车运往粮仓。将 2 ~ 10 填入左图的圆圈中，确保经过车轮轴心的每条直线上的数字之和是18。中间的数字已经填好了。

古代的木制车轮主要由辋、毂和辐三部分组成。辋是车轮的最外部分，毂是车轮的中心部分，辐就是辋与毂之间的木条。

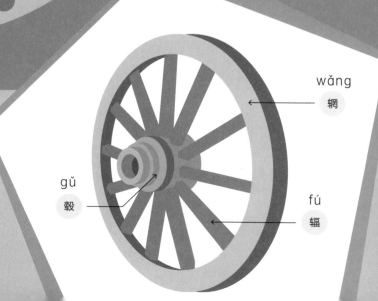

wǎng
辋

gǔ
毂

fú
辐

古代帆船

★★★★

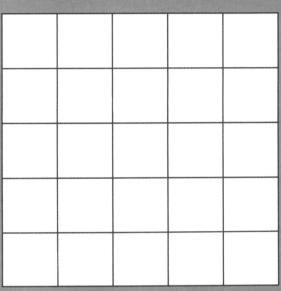

观察力

中国古代的造船技术发达，船帆的设计与西方有所不同。中国船帆上有横向竹竿将船帆绷紧，便于操控，使船帆即使在逆风时也能发挥作用。请对照左图画一个中国帆船。

虽然在古代，中国和西方的船都是用帆借助风力来航行，但这两种帆有很大的不同。中国的帆上有许多木制骨架，又被称为硬帆；而西方的帆则是一大块软布，又被称为软帆。

知识点

繁忙的码头

通州，1550 年

在从地方向京城运送粮食的过程中，有一个很重要的环节，叫作验粮。

首先，在粮食装上船出发之前，当地官员会对其进行检查，主要验收粮食的品质和重量。粮食颗粒要干净饱满，不能出现潮湿或掺杂别的东西的情况。粮食的总重量也要符合标准。最初，各地的称量工具各不相同，地主与农民之间产生了很大的矛盾。为了避免这一矛盾，全国统一使用官斛这一计量粮食的工具。当粮食的品质和重量都检验合格后，这些粮食才会被运往京城。

到了京城，这些粮食还要经过军粮经纪的检查。他们不是政府官吏，而是经过政府认可的民间人士。他们手中有一把验粮密符扇，扇子上有很多符号。每一个符号代表了一家军粮经纪。他们验完粮后，会用木炭在粮食袋上画上代表自己的符号。这个符号既表示自己对所验的粮食负责，也代表了他们用来担保的家族荣誉。如果日后发现粮食有问题，也可通过袋子上的符号找到军粮经纪，追究责任。

经军粮经纪检查合格后的粮食，最终会送到各个粮仓储存起来。

繁忙的码头
通州
★★★★

观察力

中国历史上很多王朝都通过水路向都城运送粮食和财物，这就是漕运。通州位于大运河的北端，是水路进京的必经之地。右图是中国历史上地处通州的一处繁忙码头，右图中的5块拼图应该分别放在哪里呢？

A   B   C   D   E

知识点

码头就是建在海边或江边的建筑，可供船只停泊、装卸货物和运送船客使用。

牌楼
★★★

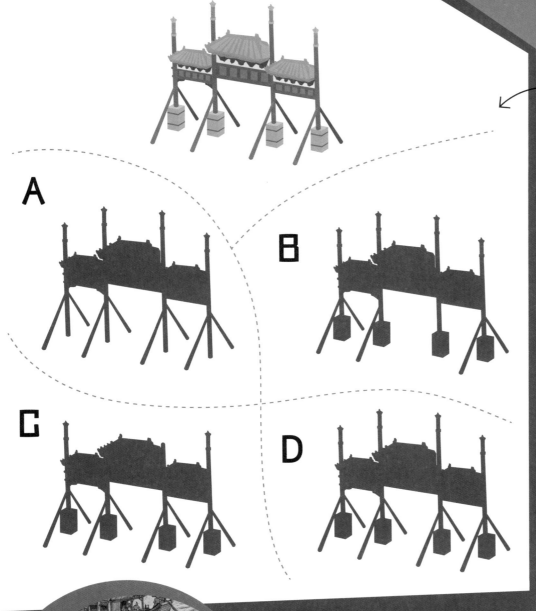

A

B

C

D

观察力

牌楼是街巷的分界标志，也是一种装饰性建筑。它由基座、立柱和顶构成。请你观察下面几幅剪影图片，找出哪一幅剪影与牌楼最匹配？

牌楼是极具中国特色的古代建筑，除了码头之外，在街巷、坛庙、陵墓、桥梁等地方也会见到它的身影。牌楼的建造材料也有很多种，如木头、砖石和琉璃等。在国外，唐人街上也有牌楼。

繁忙的码头
搬运粮食
★★★★★

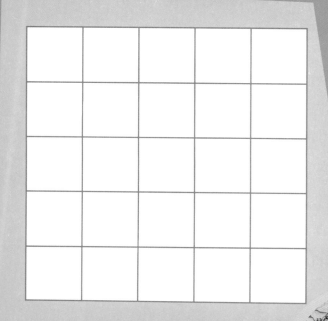

空间思维

在通州的一处繁忙码头，搬运工正忙着把粮袋搬上马车，请将右侧的由粮袋组成的图形摆放在这里的网格中，并完全覆盖网格。注意不要翻转或者旋转图形，而且图形之间要严丝合缝，不能有空格。

知识点

俄罗斯方块是阿列克谢·帕基特诺夫发明的电脑游戏，他是一位计算机专家。这个游戏后来风靡全球。

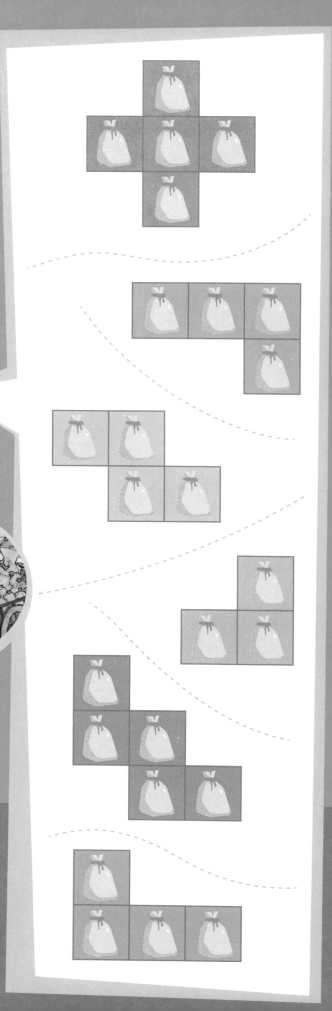

78

税船旗帜

★★★★

计算思维

上方三面税旗上有一些数字和运算符号，你能将旗帜上的数字和运算符号重新排列，使得最后的运算结果正好等于顶层的数字吗？运算的时候，要先算出前两个数字的运算结果，再做第二步运算。

在纸钞出现以前，白银一直是流通的货币。白银主要分为4种，即：元宝、中锭、小锭和碎银。

交通要冲

通州有一座八里桥，是通州至京城的必经之处。整座桥长 50 米，宽 16 米，有 3 个孔洞。与一般的拱桥不同，这座三孔桥的孔洞高度相差巨大，中间的孔洞高 8.5 米，而两旁的孔洞只有 3.5 米。这种构造是专为运粮船设计的。因为它们大多数是帆船，而风帆又很高大，普通的孔洞无法顺利通行。

在中国历史上，水陆交通路线上这样的交汇处往往也是各方经济和文化相互交融的地方。1600 年的通州是一个与外国相互交融的地方。运河上运输的不只有全国各地的粮食，还有来自其他国家的货物，比如暹罗等朝贡国的贡品。意大利的耶稣会传教士利玛窦也于 1601 年通过运河从中国南方来到了京城，觐见万历皇帝。据说那个时候，在通州段的运河边活动的人们身份复杂，不但有刚参加完万历朝鲜之役、从日本归来的明军老兵经过，还有隐藏身份向本地人打探明朝消息的日本密探出没。

交通要冲
大光楼
★★★

专注力

大光楼又叫验粮楼。明清时期，官员们在这里验收漕粮。你能按照顺序把点都连起来吗？然后给它涂上美丽的颜色吧。

大光楼是南粮北运的终点站，所有运往京城的漕粮都要在此处验粮，然后再利用人力运到通惠河船上。乾隆皇帝也曾登上大光楼并赋诗称赞它。1900年，它被八国联军烧毁，后来人们进行了重建。

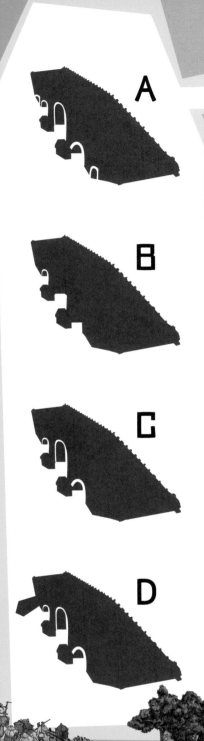

A

B

C

D

观察力
★★★

八里桥地处交通要冲。1860年，清朝军队曾在这里与英法联军展开激烈的战斗。八里桥是由花岗岩砌成的，桥上有33对望柱。请你找一找左侧哪个剪影是属于八里桥的？

逻辑思维
★★★★

有两个小贩正在八里桥边野餐，他们一餐要吃掉两个粽子、两个馒头，喝一壶水。请问右侧这些食物够他们吃几顿？

知识点

八里桥原名永通桥，是一座三孔石拱桥。由于它距离通州只有八里，所以被称为八里桥。为了方便漕运的帆船航行，桥中间的孔洞设计得特别高大，因此有"八里桥下不落桅"的说法。

交通要冲

影壁
★★★★★

这是位于通州的一处古代庭院的影壁。影壁是中国传统建筑中用于遮挡视线的墙壁。左侧三个方框中相同位置的图案按照一定规律排列，从下面的选项中选出第四个方框中的图案。

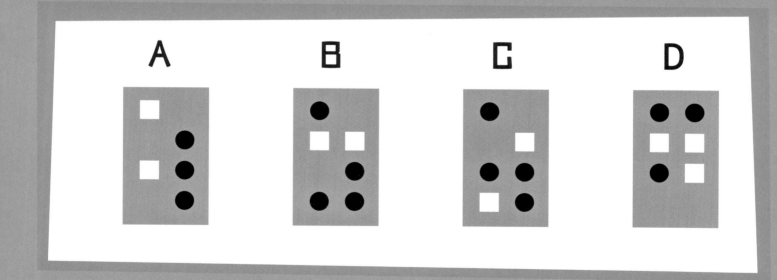

知识点

影壁有提升建筑物威严的作用。它在周朝时就已经出现了。在古代，影壁根据房屋主人的地位分级。晋商的兴起推动了影壁的发展，工匠们在上面雕刻出精美的图案。

逻辑推理

官府抓住了3个疑似倭寇的人，分别是甲、乙、丙。这3个疑犯中有一个是无辜者（总是说真话），一个是主犯（总是说谎），还有一个是同谋（有时说真话，有时说谎，不服从任何命令）。我们都希望无辜者被释放，而真正的倭寇和同谋能被捕。你能通过下面的审讯过程来判断出谁该被捕，谁又该被释放吗？

"我们三个人中有一个是主犯"。

"我们都有罪"。

"罪魁祸首是乙"。

甲　乙　丙

倭寇是14~16世纪人们对日本海盗的泛称。他们劫掠沿海地区的居民，还从事走私贸易活动，给当地居民带来极大的困扰。1561年，中国古代名将戚继光带领戚家军基本肃清了福建、浙江地区的倭寇。

知识点

运河落幕

　　从晚清开始，运河逐渐退出了历史舞台。鸦片战争和太平天国运动导致运河漕运被迫中断；1855 年，黄河因决口而改道，部分运河河段废弃，人们开始使用海路运送粮食；1872年，轮船正式成为承运漕粮的船只。由于种种原因，清政府最终在 1901 年宣布停止运河漕运。随着多条铁路的开通，运河的地位日益下滑。

　　1910 年辛亥革命的前夕，虽然北京的街道依旧热闹非凡，但清朝早已处于风雨飘摇之中，新生事物已经悄悄出现在人们身边。蒸汽轮船替代了木制漕船，巡逻的士兵们也用上了德国产的毛瑟步枪。一场改变中国历史的革命即将发生。

　　运河最早诞生于春秋时期，它经过不断开凿、延伸、修缮，最终形成了一个复杂而又完整的体系，贯穿全国。有了运河，南北方的人们才能有生存的保证，城市才能因货物的交换变得繁荣。虽然运河的功能在今日有巨大改变，但它曾经的辉煌不应该被遗忘。

运河落幕
清兵练枪
★★★★

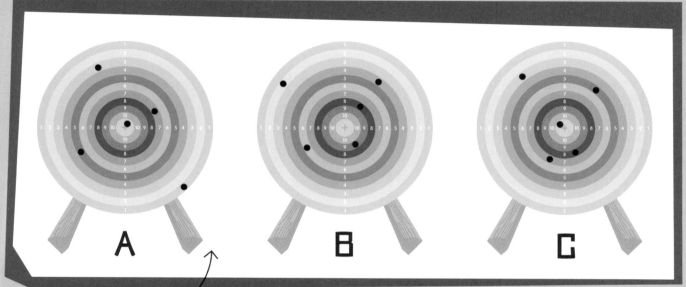

A　　　B　　　C

计算思维

清朝末年，在大运河的终点什刹海，巡逻的清兵已经配上了德国产的毛瑟步枪。一群清兵正在练习射击步枪，每人 5 发子弹，5 发子弹的位置如图所示。你能算一算三位士兵谁射出的总环数最高吗？

知识点

毛瑟公司是德国的枪械制造商。毛瑟步枪是威廉·毛瑟与保罗·毛瑟两兄弟在 1867 年设计的，并在 1871 年成为标准的制式步枪。

自行车与黄包车

★★★★

计算思维

清朝的北京城里有两种出行工具，一种是人力黄包车，一种是自行车。假如人力黄包车每分钟行驶 100 米，自行车每分钟行驶 250 米。你和朋友从同一地点出发，你骑自行车，你的朋友乘坐黄包车，沿同一路线行驶。你的朋友比你早 15 分钟出发，请问你大约需要多长时间可以追上他？

每分钟行驶250米

每分钟行驶100米

在古代，用人拉或推的车叫作辇（niǎn）。辇由两个"夫"字和一个"车"字组成，代表了人力车的意思。秦汉之后，它主要指皇帝、皇后乘坐的车。

知识点

运河落幕
钟鼓楼
★★★

观察力、专注力

中庸之道是中国传统精神的基础。这种"中庸"精神反映在传统建筑上，就是建筑物左右均匀对称，显得庄重沉稳。北京城里的这座钟楼也是左右对称的，你能根据它的右半边形状画出它的另一半吗？

知识点

明清时期，在北京城中轴线上，钟楼和鼓楼是最高的两座建筑。钟楼和鼓楼建成后，每天的戌时，也就是现在的 19 时至 21 时，鼓楼击鼓 18 下，然后钟楼击钟 18 下，各击 3 遍，共计 108 下，从而报完一个时辰，称为定更。

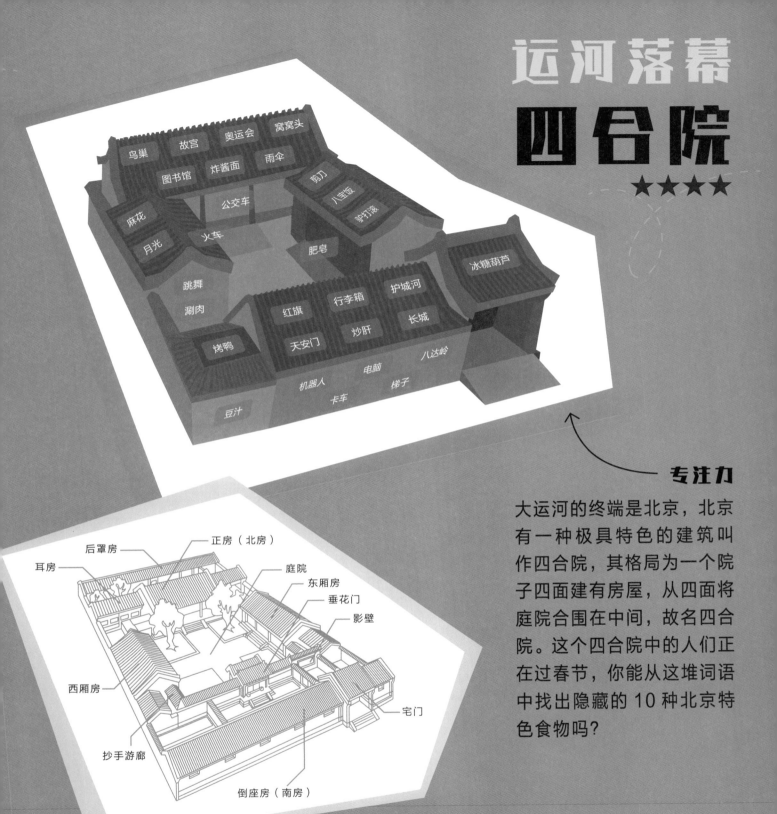

鸟巢　故宫　奥运会　窝窝头
图书馆　炸酱面　雨伞
麻花　公交车　剪刀　八宝饭　驴打滚
月光　火车　肥皂
跳舞　冰糖葫芦
涮肉
红旗　行李箱　护城河
烤鸭　天安门　炒肝　长城
机器人　电脑　八达岭
豆汁　卡车　梯子

后罩房　　正房（北房）
耳房　　　　　庭院
　　　　　　　东厢房
　　　　　　　垂花门
　　　　　　　影壁
西厢房
　　　　　　　宅门
抄手游廊
　倒座房（南房）

专注力

大运河的终端是北京，北京有一种极具特色的建筑叫作四合院，其格局为一个院子四面建有房屋，从四面将庭院合围在中间，故名四合院。这个四合院中的人们正在过春节，你能从这堆词语中找出隐藏的 10 种北京特色食物吗？

明清时期最标准的四合院由三部分组成。第一部分是垂花门前面与倒座房组成的窄院；第二部分由厢房、正房和游廊组成，有时还会加入耳房；第三部分是正房后的后罩房。在整个院落中，老人住正房，长子住东厢，次子住西厢，佣人住倒座房，女儿住后罩房，互不影响。

91

答案

开凿运河
各种颜色的旌旗

 A B C D

开凿运河
吴王夫差的地图

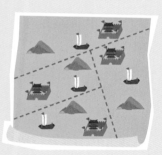

开凿运河
劳作的民夫

开凿运河
瞭望台上的士兵

答案不唯一。

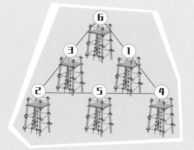

思路:

1、首先将21分为6个不同的数字:1、2、3、4、5、6。

2、三条边上的数字加起来相等,如果把三条边的数字都加起来,那么3个顶点的数字被多加了一次,因此如果顶点是1、2、3,那么21+(1+2+3)=27,27÷3=9,每条边的和是9。

3、可以推出来,顶点可以是(1,2,3)、(4,5,6)、(1,3,5)、(2,4,6),再根据每条边之和求出其他数字。

水上宫殿
隋炀帝南巡

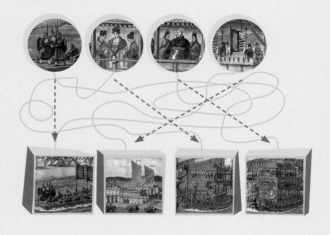

水上宫殿
龙舟

1和5相同。

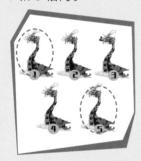

水上宫殿
隋炀帝的仪仗队

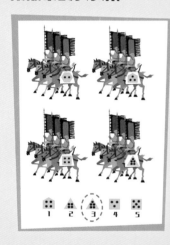

水上宫殿
掉队的护卫船

图中所示是其中一条路线。

物资争夺战
黎阳仓

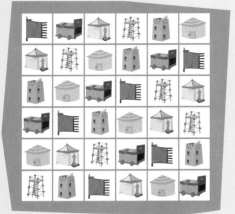

物资争夺战
守卫城楼

如图所示，
将城楼和马
道上的士兵
互相调换。

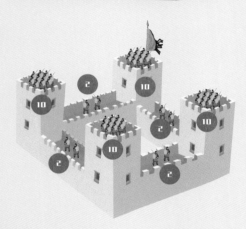

物资争夺战
爬云梯

16 秒。

思路：

从第 1 层阶梯爬到第 4 层阶梯，一共爬了 4−1=3
（层），花了 12 秒，则爬 1 层需要 12÷3=4（秒）。
接下来从第 4 层爬到第 8 层，一共还需要爬 8−4=4
（层），那么需要 4×4=16（秒）。

物资争夺战
烽火台

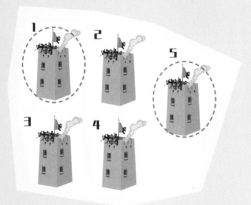

陈桥兵变
黄袍加身

陈桥兵变
全副武装的士兵

陈桥兵变
兵器架

关键思路： 　　3　　　　4　　　　8　　　　9

通过第 2 行得到 ＋ ＝11

再由第 4 行得到 ＋ ＝13

再由第 1 行得到 ＝(29−13)÷2=8

陈桥兵变
玉杯

4 次。　　思路：

将玉杯按照 1~10 编号。

第 1 次：翻第 1 组 3 个（第 1、2、3 号）；

第 2 次：翻第 2 组 3 个（第 4、5、6 号）；

第 3 次：翻第 6、7、8 号；

第 4 次：翻第 6、9、10 号。

人间天堂
赛龙舟

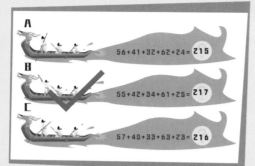

56+41+32+62+24=215

55+42+34+61+25=217 ✓

57+40+33+63+23=216

人间天堂
称蔬菜

11 个
番茄

思路：

首先根据第 2 台秤，我们可以得出：1 根黄瓜的重量 =1 个番茄的重量 +2 个土豆的重量。再结合第 1 台秤，可以得出：1 个土豆的重量 =3 个番茄的重量。

人间天堂
找图中物品数量

6   16   2   3

人间天堂
香料

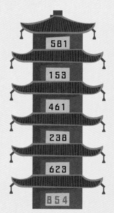

15
粒胡椒

思路：

$2 \rightarrow 3$，$1 + 2 = 3$

$3 \rightarrow 6$，$1 + 2 + 3 = 6$

$4 \rightarrow 10$，$1 + 2 + 3 + 4 = 10$

$5 \rightarrow 15$，$1 + 2 + 3 + 4 + 5 = 15$

枫桥月夜
石拱桥

答案不唯一。但要注意一点，从左右两处地方出发，可以满足要求，从上下两处地方出发，则不能满足要求。想要一笔画出来，需要满足两个条件。第一，图形必须是连通的。第二，图中的"奇点"数只能是 0 或 2。

枫桥月夜
寒山寺

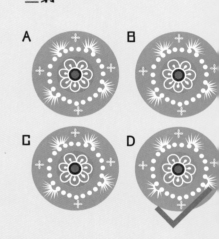

581
153
461
238
623
854

枫桥月夜
丝绸

A   B   C   D ✓

枫桥月夜
遣唐使

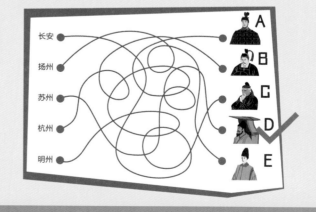

长安   A
扬州   B
苏州   C
杭州   D ✓
明州   E

运河危机
洪水泛滥的原因

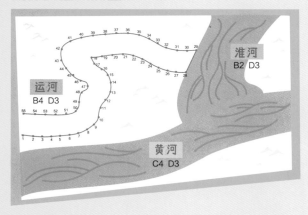

运河危机
康熙视察清口

运河危机
木刻地图

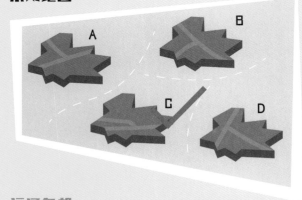

运河危机
治河材料

水上屋脊
南旺分水工程

数字规律如下：

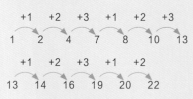

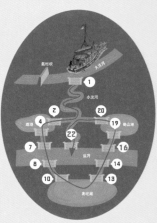

水上屋脊
龙王庙

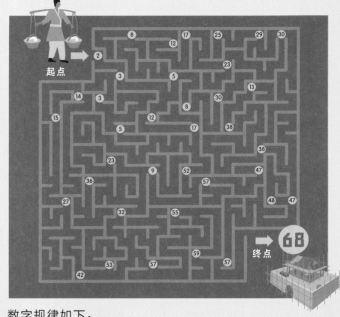

数字规律如下：

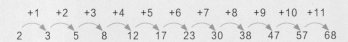

水上屋脊
文房四宝

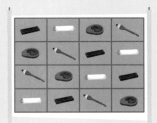

水上屋脊
无法起航的船

征税关卡
临清

11　2　9　5　4　12　6　8　7　10　3　1

征税关卡
斗草

征税关卡
水中的木材

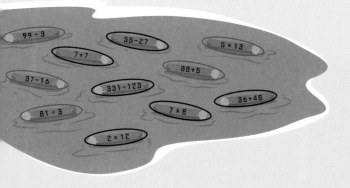

99÷3　55-27　5×13
7+7
37-16　88+5
331-123
81÷3　7×8　36+48
2×12

征税关卡
临清砖

现代大都市
露天酒吧

 1　 2　 6

现代大都市
游艇

100 米。

开始时，两船相距 500 米，因此如果游艇行驶到图中观光船的位置，则需要行驶 500 米，需要时间为：0.5÷50 = 0.01（时）。此时，观光船已经行驶了：0.01 × 10 = 0.1（千米）。

现代大都市
遮阳伞

现代大都市
摩天轮

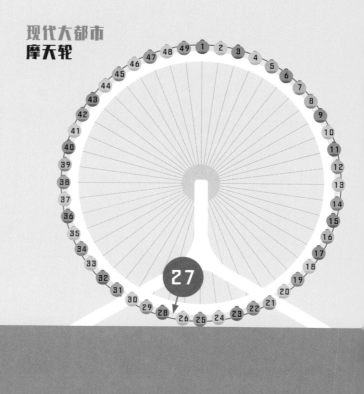

发光航标
燃灯塔

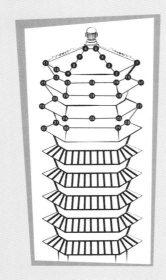

发光航标
粮仓

思路：
一号粮仓的存粮是二号粮仓存粮的2倍，如果一号粮仓每天运出的粮食是二号的2倍，那么两个粮仓将同时运空。但现在一号每天运出20石，二号每天运出15石，所以一号粮仓每天少运出（2 X 15 - 20）=10（石），最后剩下来30石，所以可以计算出运了多少天：30 ÷ 10 = 3（天）。

因此，一号粮仓的存粮：3 X 20 + 30 = 90（石），
二号粮仓的存粮：3 X 15 = 45（石）。

发光航标
车轴

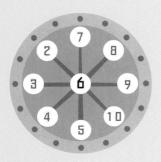

发光航标
古代帆船

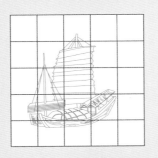

繁忙的码头
通州

繁忙的码头
牌楼

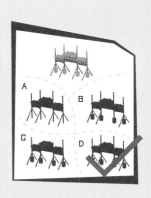

繁忙的码头
搬运粮食

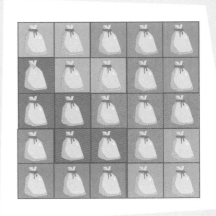

繁忙的码头
税船旗帜

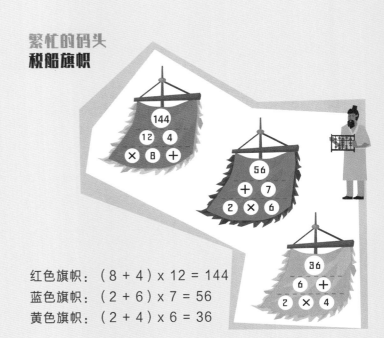

红色旗帜：（8 + 4）x 12 = 144
蓝色旗帜：（2 + 6）x 7 = 56
黄色旗帜：（2 + 4）x 6 = 36

交通要冲
交通要冲
大光楼

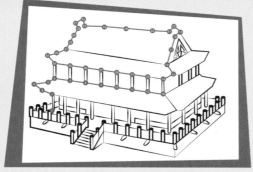

交通要冲
八里桥

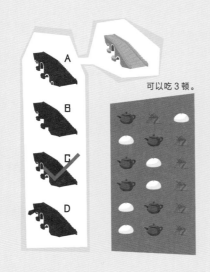

可以吃 3 顿。

交通要冲
影壁

C。

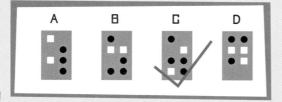

相同位置的
颜色规律是：黑色－白色－无。

交通要冲
找倭寇

逮捕甲和丙。
三人中乙的话肯定
是正确的，所以乙
是无辜者。也可分
别假设甲、乙、丙
是无辜者。

运河落幕
清兵练枪

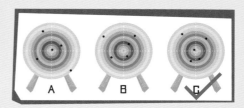

运河落幕
自行车与黄包车

10 分钟。

思路：
黄包车早 15 分钟出发，则多走了
15 × 100 = 1500（米）
自行车与黄包车速度相差：
250 － 100 = 150（米 / 分）
因此，追上需要的时间：
1500 ÷ 150 = 10（分）

运河落幕
钟鼓楼

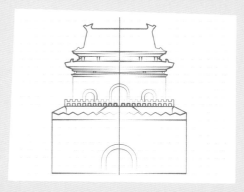

运河落幕
四合院

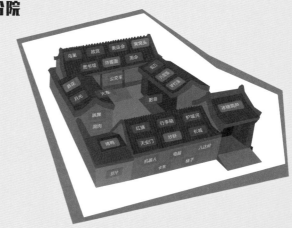

系列丛书

藏在中国历史里的
数学思维

中国长城

作者：赵妍 束雅婷
插画：杜飞

中国大百科全书出版社
Encyclopedia of China Publishing House

DK儿童穿越时空百科全书系列

探索知识与美的无限可能

DK 儿童穿越时空百科全书
绘图 [英]史蒂夫·努恩 文字撰写 [英]安妮·米勒德
穿越时空的港口
从古代贸易站到现代海港

DK 儿童穿越时空百科全书
绘图 [英]史蒂夫·努恩 文字撰写 [英]安妮·米勒德
穿越时空的街道
从古代宿营地到现代市中心
新增"未来街道"全新修订版章节

穿越时空的中国

绘画 杜飞

穿越时空的大运河
沿世界上最古老的运河探险,开启穿越中国2500年历史的奇妙之旅

中国大百科全书出版社